冰冻圈科学丛书

总主编：秦大河

副总主编：姚檀栋　丁永建　任贾文

冰冻圈生态学

王根绪　张光涛　杨　燕等　著

科学出版社

北　京

内 容 简 介

冰冻圈生态学是研究冰冻圈与生物圈之间相互作用与互馈影响的新兴交叉科学，其重点研究冰冻圈变化中的基本生态学问题，着重从群落生态学和生态系统生态学视角，阐释冰冻圈要素与生态系统组成、结构与功能之间的相互关系，从而为生物圈可持续性和人类社会的协调发展提供理论依据。本书主要内容包括冰冻圈生物种群、生物群落以及陆地、海洋冰冻圈生态系统生态学的基本理论、研究方法，冰冻圈生态系统功能及其对冰冻圈变化和人类活动的响应，冰冻圈生态系统服务与生态安全的基本理论等。

本书可供冰冻圈科学、生态、地理、水文、环境、海洋和区域经济社会可持续发展等领域有关科研和技术人员、大专院校相关专业师生阅读和参考。

图书在版编目（CIP）数据

冰冻圈生态学/王根绪等著. —北京：科学出版社，2021.6
（冰冻圈科学丛书 / 秦大河总主编）
ISBN 978-7-03-068965-8

Ⅰ.①冰… Ⅱ.①王… Ⅲ.①冰川学–生态学 Ⅳ.①P343.6②Q14

中国版本图书馆 CIP 数据核字（2021）第 104720 号

责任编辑：杨帅英　赵　晶/责任校对：何艳萍
责任印制：吴兆东/封面设计：图阅社

科学出版社 出版
北京东黄城根北街 16 号
邮政编码：100717
http://www.sciencep.com
北京建宏印刷有限公司 印刷
科学出版社发行　各地新华书店经销
*
2021 年 6 月第 一 版　开本：787×1092　1/16
2022 年 8 月第二次印刷　印张：11 3/4
字数：308 000
定价：88.00 元
（如有印装质量问题，我社负责调换）

本书编写组

主　　笔：王根绪　张光涛　杨　燕

主要作者：常瑞英　陈晓鹏　宋小艳

　　　　　张　涛

丛书总序

习近平总书记提出构建人类命运共同体的重要理念，这是全球治理的中国方案，得到世界各国的积极响应。在这一理念的指引下，中国在应对气候变化、粮食安全、水资源保护等人类社会共同面临的重大命题中发挥了越来越重要的作用。在生态环境变化中，作为地球表层连续分布并具有一定厚度的负温圈层，冰冻圈成为气候系统的一个特殊圈层，涵盖冰川、积雪和冻土等地球表层的冰冻部分。冰冻圈储存着全球 77%的淡水资源，是陆地上最大的淡水资源库，也被称为"地球上的固体水库"。

冰冻圈与大气圈、水圈、岩石圈及生物圈并列为气候系统的五大圈层。科学研究表明，在受气候变化影响的诸环境系统中，冰冻圈变化首当其冲，是全球变化最快速、最显著、最具指示性，也是对气候系统影响最直接、最敏感的圈层，被认为是气候系统多圈层相互作用的核心纽带和关键性因素之一。随着气候变暖，冰冻圈的变化及对海平面、气候、生态、淡水资源以及碳循环的影响，已经成为国际社会广泛关注的热点和科学研究的前沿领域。尤其是进入 21 世纪以来，在国际社会推动下，冰冻圈研究发展尤为迅速。2000 年世界气候研究计划（WCRP）推出了气候与冰冻圈核心计划（CliC）。2007 年，鉴于冰冻圈科学在全球变化中的重要作用，国际大地测量和地球物理学联合会（IUGG）专门增设了国际冰冻圈科学协会，这是其成立 80 多年来史无前例的决定。

中国的冰川是亚洲十多条大江大河的发源地，直接或间接影响下游十几个国家逾 20 亿人口的生计。特别是以青藏高原为主体的冰冻圈是中低纬度冰冻圈最发育的地区，是我国重要的生态安全屏障和战略资源储备基地，对我国气候、生态、水文、灾害等具有广泛影响，又被称为"亚洲水塔"和"地球第三极"。

中国政府和中国科研机构一直以来高度重视冰冻圈的研究。早在 1961 年，中国科学院就成立了从事冰川学观测研究的国家级野外台站天山冰川观测试验站。1970 年开始，中国科学院组织开展了我国第一次冰川资源调查，编制了《中国冰川目录》，建立了中国冰川信息系统数据库。1973 年，中国科学院青藏高原第一次综合科学考察队成立，拉开了对青藏高原进行大规模综合科学考察的序幕。这是人类历史上第一次全面地、系统地对青藏高原的科学考察。2007 年 3 月，我国成立了冰冻圈科学国家重点实验室，是国际上第一个以冰冻圈科学命名的研究机构。2017 年 8 月，时隔四十余年，中国科学院启动了第二次青藏高原综合科学考察研究，习近平总书记专门致贺信勉励科学考察研究队。此后，中国科学院还启动了"第三极"国际大科学计划，支持全球科学家共同研究好、守护好世界上最后一方净土。

当前，冰冻圈研究主要沿着两条主线并行前进：一是深化对冰冻圈与气候系统之间相互作用的物理过程与反馈机制的理解，主要是评估和量化过去和未来气候变化对冰冻圈各分量的影响；二是以"冰冻圈科学"为核心，着力推动冰冻圈科学向体系化方向发展。以秦大河院士为首的中国科学家团队抓住了国际冰冻圈科学发展的大势，在冰冻圈科学体系化建设方面走在了国际前列，"冰冻圈科学丛书"的出版就是重要标志。这一丛书认真梳理了国内外科学发展趋势，系统总结了冰冻圈研究进展，综合分析了冰冻圈自身过程、机理及其与其他圈层相互作用关系，深入解析了冰冻圈科学内涵和外延，体系化构建了冰冻圈科学理论和方法。丛书以"冰冻圈变化—影响—适应"为主线，包括了自然和人文相关领域，内容涵盖冰冻圈物理、化学、地理、气候、水文、生物和微生物、环境、第四纪、工程、灾害、人文、地缘、遥感以及行星冰冻圈等相关学科领域，是目前世界上最全面系统的冰冻圈科学丛书。这一丛书的出版，不仅凝聚着中国冰冻圈人的智慧、心血和汗水，也标志着中国科学家已经将冰冻圈科学提升到学科体系化、理论系统化、知识教材化的新高度。在丛书即将付梓之际，我为中国科学家取得的这一系统性成果感到由衷的高兴！衷心期待以丛书出版为契机，推动冰冻圈研究持续深化、产出更多重要成果，为保护人类共同的家园——地球，做出更大贡献。

白春礼院士

中国科学院院长

"一带一路"国际科学组织联盟主席

2019 年 10 月于北京

 # 丛书自序

　　虽然科研界之前已经有了一些调查和研究，但系统和有组织的对冰川、冻土、积雪等中国冰冻圈主要组成要素的调查和研究是从 20 世纪 50 年代国家大规模经济建设时期开始的。为满足国家经济社会发展建设的需求，1958 年中国科学院组织了祁连山现代冰川考察，初衷是向祁连山索要冰雪融水资源，满足河西走廊农业灌溉的要求。之后，青藏公路如何安全通过高原的多年冻土区，如何应对天山山区公路的冬春季节积雪、雪崩和吹雪造成的灾害，等等，一系列亟待解决的冰冻圈科技问题摆在了中国建设者的面前，给科技工作者提出了课题和任务。来自四面八方的年轻科学家齐聚在皋兰山下、黄河之畔的兰州，忘我地投身于研究，却发现大家对冰川、冻土、积雪组成的冰冷世界知之不多，认识不够。中国冰冻圈科学研究就是在这样的背景下，踏上了它六十余载的艰辛求索之路！

　　进入 20 世纪 70 年代末期，我国冰冻圈研究在观测试验、形成演化、分区分类、空间分布等方面取得显著进步，积累了大量科学数据，科学认知大大提高。20 世纪 80 年代以后，随着中国的改革开放，科学研究重新得到重视，冰川、冻土、积雪研究也驶入发展的快车道，针对冰冻圈组成要素形成演化的过程、机理研究，基于小流域的观测试验及理论等取得重要进展，研究区域上也从中国西部扩展到南极和北极地区，同时实验室建设、遥感技术应用等方法和手段也有了长足发展，中国的冰冻圈研究实现了国际接轨，研究工作进入了平稳、快速的发展阶段。

　　21 世纪以来，随着全球气候变暖进一步显现，冰冻圈研究受到科学界和社会的高度关注，同时，冰冻圈变化及其带来的一系列科技和经济社会问题也引起了人们广泛注意。在深化对冰冻圈自身机理、过程认识的同时，人们更加关注冰冻圈与气候系统其他圈层之间的相互作用及其效应。在研究冰冻圈与气候相互作用的同时，联系可持续发展，在冰冻圈变化与生物多样性、海洋、土地、淡水资源、极端事件、基础设施、大型工程、城市、文化旅游乃至地缘政治等关键问题上展开研究，拉开了建设冰冻圈科学学科体系的帷幕。

　　冰冻圈的概念是 20 世纪 70 年代提出的，科学家从气候系统的视角，认识到冰冻圈对全球变化的特殊作用。但真正将冰冻圈提升到国际科学视野始于 2000 年启动的世界气候研究计划-气候与冰冻圈核心计划（WCRP-CliC），该计划将冰川（含山地冰川、南极冰盖、格陵兰冰盖和其他小冰帽）、积雪、冻土（含多年冻土和季节冻土），以及海冰、

冰架、冰山、海底多年冻土和大气圈中冻结状的水体视为一个整体，即冰冻圈，首次将冰冻圈列为组成气候系统的五大圈层之一，展开系统研究。2007 年 7 月，在意大利佩鲁贾举行的第 24 届国际大地测量与地球物理学联合会（IUGG）上，原来在国际水文科学协会（IAHS）下设的国际雪冰科学委员会（ICSI）被提升为国际冰冻圈科学协会（IACS），升格为一级学科。这是 IUGG 成立八十多年来唯一的一次机构变化。"冰冻圈科学"（cryospheric science, CS）这一术语始见于国际计划。

在 IACS 成立之前，国际社会还在探讨冰冻圈科学未来方向之际，中国科学院于 2007 年 3 月在兰州成立了世界上第一个以"冰冻圈科学"命名的"冰冻圈科学国家重点实验室"，同年 7 月又启动了国家重点基础研究发展计划（973 计划）项目——"我国冰冻圈动态过程及其对气候、水文和生态的影响机理与适应对策"。中国命名"冰冻圈科学"研究实体比 IACS 早，在冰冻圈科学学科体系化方面也率先迈出了实质性步伐，又针对冰冻圈变化对气候、水文、生态和可持续发展等方面的影响及其适应展开研究，创新性地提出了冰冻圈科学的理论体系及学科构成。中国科学家不仅关注冰冻圈自身的变化，更关注这一变化产生的系列影响。2013 年启动的国家重点基础研究发展计划 A 类项目（超级 973）"冰冻圈变化及其影响"，进一步梳理国内外科学发展动态和趋势，明确了冰冻圈科学的核心脉络，即变化—影响—适应，构建了冰冻圈科学的整体框架——冰冻圈科学树。在同一时段里，中国科学家 2007 年开始构思，从 2010 年起先后组织了六十多位专家学者，召开 8 次研讨会，于 2012 年完成出版了《英汉冰冻圈科学词汇》，2014 年出版了《冰冻圈科学辞典》，匡正了冰冻圈科学的定义、内涵和科学术语，完成了冰冻圈科学奠基性工作。2014 年冰冻圈科学学科体系化建设进入到一个新阶段，2017 年出版的《冰冻圈科学概论》（其英文版将于 2020 年出版）中，进一步厘清了冰冻圈科学的概念、主导思想，学科主线。在此基础上，2018 年发表的 *Cryosphere Science: research framework and disciplinary system* 科学论文，对冰冻圈科学的概念、内涵和外延、研究框架、理论基础、学科组成及未来方向等以英文形式进行了系统阐述，中国科学家的思想正式走向国际。2018 年，由国家自然科学基金委员会和中国科学院学部联合资助的国家科学思想库——《中国学科发展战略·冰冻圈科学》出版发行，《中国冰冻圈全图》也在不久前交付出版印刷。此外，国家自然科学基金 2017 年重大项目"冰冻圈服务功能与区划"在冰冻圈人文研究方面也取得显著进展，顺利通过了中期评估。

一系列的工作说明，是中国科学家的深思熟虑和深入研究，在国际上率先建立了冰冻圈科学学科体系，中国在冰冻圈科学的理论、方法和体系化方面引领着这一新兴学科的发展。

围绕学科建设，2016 年我们正式启动了"冰冻圈科学丛书"（以下简称《丛书》）的编写。根据中国学者提出的冰冻圈科学学科体系，《丛书》包括《冰冻圈物理学》《冰冻圈化学》《冰冻圈地理学》《冰冻圈气候学》《冰冻圈水文学》《冰冻圈生物学》《冰冻圈微生物学》《冰冻圈环境学》《第四纪冰冻圈》《冰冻圈工程学》《冰冻圈灾害学》《冰冻圈人文学》《冰冻圈遥感学》《行星冰冻圈学》《冰冻圈地缘政治学》分卷，共计 15 册。内容涉及冰冻圈自身的物理、化学过程和分布、类型、形成演化（地理、第四纪），冰冻圈多圈层相互作用（气候、水文、生物、环境），冰冻圈变化适应与可持续发展（工程、灾害、人文和地缘）等冰冻圈相关领域，以及冰冻圈科学重要的方法学——冰冻圈遥感学，而行星冰冻圈学则是更前沿、面向未来的相关知识。《丛书》内容涵盖面之广、涉及知识面之宽、学科领域之新，均无前例可循，从学科建设的角度来看，也是开拓性、创新性的知识领域，一定有不少不足，甚至谬误，我们热切期待读者批评指正，以便修改、补充，不断深化和完善这一新兴学科。

这套《丛书》除具备学术特色，供相关专业人士阅读参考外，还兼顾普及冰冻圈科学知识的目的。冰冻圈在自然界独具特色，引人注目。山地冰川、南极冰盖、巨大的冰山和大片的海冰，吸引着爱好者的眼球。今天，全球变暖已是不争事实，冰冻圈在全球气候变化中的作用日渐突出，大众的参与无疑会促进科学的发展，迫切需要普及冰冻圈科学知识。希望《丛书》能起到"普及冰冻圈科学知识，提高全民科学素质"的作用。

《丛书》和各分册陆续付梓之际，冰冻圈科学学科建设从无到有、从基本概念到学科体系化建设、从初步认识到深刻理解，我作为策划者、领导者和作者，感慨万分！历时十三载，"十年磨一剑"的艰辛历历在目，如今瓜熟蒂落，喜悦之情油然而生。回忆过去共同奋斗的岁月，大家为学术问题热烈讨论、激烈辩论，为提高质量提出要求，严肃气氛中的幽默调侃，紧张工作中的科学精神，取得进展后的欢声笑语……，这一幕幕工作场景，充分体现了冰冻圈人的团结、智慧和能战斗、勇战斗、会战斗的精神风貌。我作为这支队伍里的一员，倍感自豪和骄傲！在此，对参与《丛书》编写的全体同事表示诚挚感谢，对取得的成果表示热烈祝贺！

在冰冻圈科学学科建设和系列书籍编写的过程中，得到许多科学家的鼓励、支持和指导。已故前辈施雅风院士勉励年轻学者大胆创新，砥砺前进；李吉均院士、程国栋院士鼓励大家大胆设想，小心求证，踏实前行；傅伯杰院士在多种场合给予指导和支持，并对冰冻圈服务提出了前瞻性的建议；陈骏院士和地学部常委们鼓励尽快完善冰冻圈科学理论，用英文发表出去；张人禾院士建议在高校开设课程，普及冰冻圈科学知识，并从大气、海洋、海冰等多圈层相互作用方面提出建议；孙鸿烈院士作为我国老一辈科学家，目睹和见证了中国从冰川、冻土、积雪研究发展到冰冻圈科学的整个历程。中国科学院院长白春礼院士也对冰冻圈科学给予了肯定和支持，等等。在此表示衷心感谢。

《丛书》从《冰冻圈物理学》依次到《冰冻圈地缘政治学》，每册各有两位主编，分别是任贾文和盛煜、康世昌和黄杰、刘时银和吴通华、秦大河和罗勇、丁永建和张世强、王根绪和张光涛、陈拓和张威、姚檀栋和王宁练、周尚哲和赵井东、吴青柏和李志军、温家洪和王世金、效存德和王晓明、李新和车涛、胡永云和杨军以及秦大河和杜德斌。我要特别感谢所有参加编写的专家，他们年富力强，都承担着科研、教学或生产任务，负担重、时间紧，不求报酬和好处，圆满完成了研讨和编写任务，体现了高尚的价值取向和科学精神，难能可贵，值得称道！

在《丛书》编写过程中，得到诸多兄弟单位的大力支持，宁夏沙坡头沙漠生态系统国家野外科学观测研究站、复旦大学大气科学研究院、云南大学国际河流与生态安全研究院、海南大学生态与环境学院、中国科学院东北地理与农业生态研究所、延边大学地理与海洋科学学院、华东师范大学城市与区域科学学院、中山大学大气科学学院等为《丛书》编写提供会议协助。秘书处为《丛书》出版做了大量工作，在此对先后参加秘书处工作的王文华、徐新武、王世金、王生霞、马丽娟、李传金、窦挺峰、俞杰、周蓝月表示衷心的感谢！

秦大河

中国科学院院士

冰冻圈科学国家重点实验室学术委员会主任

2019 年 10 月于北京

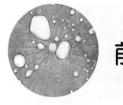 # 前　言

　　全球变化与可持续发展是当今社会广泛关注的两大科学命题，冰冻圈因具有独特的圈层作用、气候变化敏感性以及与人类社会发展的密切关联性等在全球变化和可持续发展研究中起到重要作用。对冰冻圈与生物圈相互作用关系的认识是冰冻圈科学中重要的圈层相互作用及影响的研究领域之一。从最初关注冰冻圈要素变化对生态系统不同组分和不同功能的影响，发展到对生态系统对冰冻圈要素的反馈作用的理解，再后来是在不同生态学科层次上的广泛讨论，如在个体、种群与群落和生态系统等不同尺度上，对冰冻圈与生物圈间相互关系的表征、机理的探索以及生态学范式的研判。现阶段，多方面知识的积累已经让我们能够理解冰冻圈和生物圈的相互作用关系在生态学的各个领域中的渗透，包括个体、种群与群落生态、生态系统生态等，也涉及森林生态学、草原生态学、荒漠生态学、土壤生态学、海洋生态学、湖沼生态学和流域生态学等。

　　将气候变化、冰冻圈变化的影响、适应与人类社会可持续发展紧密结合，推动冰冻圈影响范围内生态系统健康与生态服务功能的可持续维持，保护地球环境与生态安全，是冰冻圈生态学的基本内涵，也是在全球变化背景下，人类社会发展的迫切需求。随着冰冻圈科学理论的不断完善和方法技术的不断进步，从基于冰冻圈科学体系发展的需求出发，推动冰冻圈生态学这一新型交叉学科发展的时机已经成熟。为此，《冰冻圈生态学》初步从完整的学科角度，较为系统地阐释了现阶段对冰冻圈和生物圈相互作用关系的认识，也较全面地介绍了人和生物与冰冻圈环境相互关联、影响与适应的知识积累。

　　全书共分为7章，包含陆地冰冻圈生态系统和海洋冰冻圈生态系统两大体系，涵盖个体、种群、群落、生态系统生态学和全球变化等生态学主要内容，重点突出冰冻圈生态学自身的特点。第1章是概论，着重对冰冻圈生态学的基本概念、研究意义、研究对象及其与其他学科的关系、主要内容及发展历程进行了系统阐述；第2章是冰冻圈生物种群特征与动态，阐述了冰冻圈环境、冰冻圈环境与生物的关系，较系统地介绍冰冻圈特有生物种群、种群的相互关系和数量；第3章是冰冻圈生物群落，包含了群落与群落特征、群落动态以及冰冻圈生物群落与环境的互馈关系等内容；第4章是陆地冰冻圈生态系统及其功能，重点讲述了冰冻圈生态系统的物质生产与循环，主要生态系统类型与分布及功能；第5章是海洋冰冻圈生态系统及其功能，其作为全书独立的海洋冰冻圈生态学内容，包含了海洋冰冻圈生物群落到生态系统的全部内容，也讲述了海洋冰冻圈生态系统生产力形成与变化等；第6章是全球变化与冰冻圈生态系统，阐述了现阶段有关

陆地冰冻圈和海洋冰冻圈生态系统在对全球变化响应与适应方面取得的主要认识，也介绍了全球变化下的冰冻圈生态系统服务与生态安全方面的相关内容；第 7 章重点介绍了冰冻圈生态学监测与实验方法，较为系统地介绍了样地监测与调查、模拟观测试验、实验室培养与分析、冰冻圈生态系统碳氮循环研究方法、生态统计学方法、冰冻圈生态系统动态模式模拟以及遥感技术方法的应用等。全书由王根绪、杨燕负责陆地冰冻圈生态学以及生态学方法内容的编写，张光涛负责海洋冰冻圈生态学内容的编写。在本书编写过程中，从事冰冻圈生态学研究的张涛、陈晓鹏和宋小艳等参与了其中部分内容的编写，常瑞英研究员在部分章节内容上也有较多贡献；成稿过程中得到冰冻圈科学领域诸多学者的指导，在此一并衷心表示感谢。

　　伴随生态学和冰冻圈科学的不断发展，可以预见在未来较短时间内，作为一门新型交叉学科，冰冻圈生态学的研究将更加全面、系统地发展，本书中的大部分理论认识会有新的进展，知识的更新和技术方法的发展是必然的，这也是新型交叉学科走向成熟的必由路径。从这一点讲，本书只能算作冰冻圈生态学的奠基石，期望本书为这一新兴学科的高速发展打下一个有价值的基础。由于生态学和冰冻圈科学两个学科本身涉及的科学内涵广泛，且自身均处于学科迅速发展之中，加之我们学识有限、学科视野欠缺和经验不足等，书中存在疏漏之处在所难免，学科系统性也不够充分，敬请读者批评指正，以便不断修正和完善。

王根绪

2019 年 4 月于成都

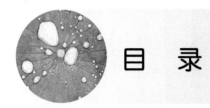

目　录

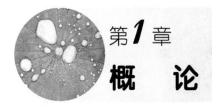

第1章
概　论

1.1　冰冻圈生态学的基本概念

一般地，生态学是研究生物与生物、生物与环境之间相互关系及其作用机理的学科，包括自然界中的一切生物及其相互作用与相互依赖的环境，也包括人类与环境的相互关系。由此，可以定义冰冻圈生态学就是研究生物与冰冻圈环境相互关系及其作用机理的学科，这里的环境因子相对固定，就是冰冻圈要素构成的冰冻圈环境，包括生物环境和非生物环境。冰冻圈生态学是冰冻圈科学和生态学相互交叉而发展起来的新型交叉学科。

冰冻圈生态学与一般生态学的不同之处主要在于冰冻圈生态学的环境要素以冰冻圈为主，冰冻圈生态学研究冰冻圈环境与生物相互作用和互馈影响。冰冻圈生态学界定于冰冻圈及其作用范围内的一切生物的生存、活动、繁殖过程，受制于冰冻圈作用空间、物质与能量过程。冰冻圈环境给定了特殊的物理、化学和生物条件，适应于这一环境的生物及其与这一环境的相互关系就构成了冰冻圈生态系统。从圈层作用角度，冰冻圈生态学就是研究生物圈与冰冻圈相互作用的学科。因此，可以认为冰冻圈生态学是研究冰冻圈及其影响范围内生态系统结构与功能的学科，其核心科学问题包括：①冰冻圈作用区及其主要影响区内生物物种、数量特征、生活史及其时空分布格局与动态；②冰冻圈作用区营养物质、热量、水分等非生命物质的特征、时空分布动态和质量；③各种冰冻圈环境因素（温度、相态、辐射、水分、土壤等）对生物的影响与调节作用；④冰冻圈要素-生物间以及生态系统中能量流动和物质循环；⑤生态系统对冰冻圈的反馈影响或对冰冻圈要素的调节作用（如微生物释放热量对冻土的影响、海洋生物活动对海冰的影响等）；⑥冰冻圈作用区生态安全维护与生态系统功能可持续维持。

由于冰冻圈和生物圈与其他圈层（图1.1），如水圈、岩石圈、大气圈和人类圈存在十分广泛和密切的联系，冰冻圈的环境要素是这些圈层作用的结果，因此，冰冻圈生态学在研究生物圈与冰冻圈环境的相互作用时，与一般生态学一样，不可避免地需要研究其他圈层的环境之间的间接作用关系，包括冰冻圈范围内的陆表过程、大气过程以及人类活动的作用等。

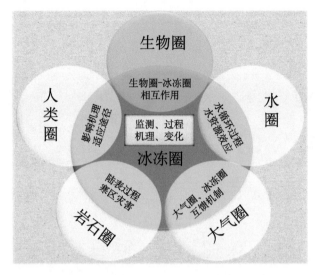

图 1.1   冰冻圈和生物圈与其他圈层的作用关系

1.2   冰冻圈生态学的研究意义

陆地冰冻圈占全球陆地面积的 52%~55%,其中多年冻土区占全球陆地面积的 9%~12%,北半球季节冻土(包括多年冻土活动层)为 33%;海洋冰冻圈占全球海洋面积的 5.3%~7.3%(秦大河等,2017)。因此,冰冻圈作用区的生态系统必然在全球生态系统中占据重要位置。现阶段,全球变化对生态系统影响最为显著的区域大都位于高纬度和高海拔冰冻圈作用区,陆地生态系统对全球气候变化响应的大部分直接证据均来自冰冻圈作用区,因此,冰冻圈生态系统被誉为全球变化的前哨。冰冻圈内储存了地球淡水资源的 75%,是名副其实的人类淡水供应的"水塔"。因此,冰冻圈生态系统在全球气候调节、淡水资源供给、生物资源保障以及生物多样性维护等方面,对人类社会可持续发展的生态屏障具有举足轻重的作用(王根绪等,2020)。

(1)系统深化全球变化对生态系统影响与作用机制的认识:冰冻圈是地球系统极为重要的组成部分。它通过巨大的冷储效应和反照率作用于地表各圈层,并通过存储或调节释放大量的能量以及水汽、CH_4 和 CO_2 等温室气体而反馈影响全球气候变化。冰冻圈作用区生态系统对气候变化的响应不同于其他地区,其以相变能量变化主导物质与能量循环发生改变,导致各类生态系统生境、栖息环境、能量流系统全方位发生异变,由此对生态系统的影响更为深刻和广泛。现阶段,全球变化对生态系统影响最为显著的区域大都位于高纬度和高海拔冰冻圈作用区。因此,全球变暖下正在经历剧烈变化的冰冻圈,其与生物圈间十分密切的相互作用关系,不仅对冰冻圈作用区生态系统本身及其服务功能产生较大影响,而且可能对整个人类社会的可持续发展构成潜在威胁。

(2)丰富和发展生态学理论:首先,有助于更加全面地理解生物多样性演化趋势,进一步发展物种演替理论。冰冻圈作用范围内分布着世界上动、植物物种种质库近 1/4、珍稀物种近 40% 的物种，是物种多样性保护的关键区域。积雪变化对植被类型、群落组成及分布等具有较大影响。在北半球高山带和北极地区，积雪厚度、积雪融化时间等决定了植被类型及其群落组成，并可能导致一些冰冻圈特有物种消失。在长时间尺度上，冰川的持续退缩将产生新的陆地而促进微生物种群和植被原生演替，有利于形成新的植被覆盖区，发生物种、种群与群落结构的演替。海冰退缩和覆盖时间缩短对海洋生态系统产生较大影响，如在白令海域，海洋生态系统由原来以底栖海-冰藻类为食物的鸟类和哺乳动物构成的冰缘生态系统，向以浮游生物与中上层鱼类为优势群落的开放海域生态系统转变。冻土环境变化大幅度改变生境条件，使物种替代速率加快、分布格局发生变化；地球上高山带的林线或草线的波动、泛北极地区灌丛北移等就是这些变化的具体体现。研究这些变化的发生过程、形成机理以及演变规律，既是对冰冻圈科学理论的深化，也无疑将丰富和发展已有的生物多样性理论和生物演替理论。

其次，拓展全球生物生产力和生物地球化学循环形成与变化的理论体系。冰冻圈要素变化不仅深刻改变物种分布格局与群落结构，而且也对植物的生态特性，如冠层高度、叶面积指数、物候及生物量等具有控制性作用。气候变化导致积雪厚度和时间发生改变，如北极总体上积雪厚度增加但积雪时间缩短，从而影响物种多样性与初级生产力。冰川消融通过增加径流，向干旱区或海岸带环境提供更加丰富的淡水、养分或有机碳等物质，从而较大幅度地改变下游或海洋生态系统。气候变化显著改变河湖冰封冻与融化时间，融化时间延长有利于增加光合作用，并增加温暖河流挟带来的养分。这些影响不仅可以增加湖泊、河水生物量，而且可以促使原来的单季系统向双季系统演变，但同时也对一些冷水生境的生物产生限制作用。河湖冰减少及覆盖时间缩短，不仅对河道内部水生生态系统产生正负两方面并存的较大影响，而且对河岸带和河流下游三角洲及洪泛平原生态系统有较大影响。多年冻土与生态系统之间存在十分复杂的相互作用关系，一方面，多年冻土通过对水循环、生物地球化学循环及地貌的巨大影响而制约生态系统类型、分布格局、生产力及生物多样性；另一方面，生态系统类型、结构与分布格局通过改变地表反照率、热量与水分交换、生物地球化学循环过程等来制约多年冻土的形成与发展。生态系统生产力和组成结构（物种多样性）是碳氮循环过程重要的组成部分和驱动因素，冰冻圈的变化除了上述对生态系统的直接作用外，还通过改变生态系统之间的物理、生物地球化学及生物作用关系与联结特性等，间接影响生态系统。

（3）是我国生态屏障建设与应对气候变化的全球环境治理理论基础：我国冰冻圈范围涵盖青藏高原、东北大小兴安岭、长白山以及三江平原区、河西走廊、新疆大部分山区以及川西和横断山区高大山系高山带等，面积接近国土总面积的 43%。这些区域集中了我国将近 2/3 的重要生态屏障功能区和生态优先保护区，在我国生态屏障建设与维护、重大寒区工程安全、畜牧业经济区等方面具有举足轻重的作用，是可持续发展最为关键的区域。

由于冰冻圈特殊的生物环境与生境特点，不同冰冻圈要素对生态系统具有不同作用途径、方式与生物学机理；同时，生态系统对不同冰冻圈要素具有不同的反馈作用及区域乃至全球的环境效应。这些作用与反作用及其链式环境与发展影响形成于冰冻圈，但其波及的影响范围是全球性的，因此，冰冻圈生态学的研究在全球环境治理、推动人类社会可持续发展方面具有十分重要的地位和作用，是冰冻圈科学以及生态学中一个独特且十分重要的学科领域。因此，需要多因素、多层次及多视角地探索冰冻圈与生物圈的相互作用关系和机理。

1.3　冰冻圈生态学的研究对象及其与其他学科的关系

1.3.1　研究对象与范畴

冰冻圈科学本身是一门高度综合的新型交叉学科，广泛涉及大气圈、水圈、生物圈、岩石圈以及人类圈的相互作用过程，其与传统的地球科学、海洋科学、大气科学、数学、物理、化学、生物科学以及人文社会科学等进行了深度交叉融合。冰冻圈生态学是生态学与冰冻圈科学相交叉而产生的新型学科，其核心是研究冰冻圈和生物圈的相互作用关系与机理。冰冻圈生态学的研究对象以冰冻圈作用区域及其主要影响区域内的生物和冰冻圈要素的相互作用为主体。

《冰冻圈科学概论》中，将冰冻圈划分为陆地冰冻圈、海洋冰冻圈和大气冰冻圈三种类型。其中，大气冰冻圈指大气圈内处于冻结状态的水体，包括雪花、冰晶等，显然这类冰冻圈几乎不存在生物体，其生态学意义不明显。据此，冰冻圈生态学的研究范畴就以陆地冰冻圈和海洋冰冻圈为主。陆地冰冻圈由发育在大陆上的各个要素组成，包括冰川（含冰盖）、积雪、冻土（含季节性冻土、多年冻土和地下冰，但不含海底多年冻土）、河湖冰等，在陆地冰冻圈要素形成的环境及其影响范围内，其生态系统包括陆地生态系统和淡水生态系统两类，也就是陆地冰冻圈生态学研究范畴由冰冻圈作用区和主要影响区域内的陆地生态系统与水域生态系统中的淡水生态系统两部分组成。海洋冰冻圈包括海冰、冰架、冰山和海底多年冻土等，完全是与海洋紧密联系的冰冻圈作用的范围，因而，海洋冰冻圈生态学研究范畴就是单一的冰冻圈作用和主要影响区域内的海洋生态系统。可以看出，冰冻圈生态学的研究范畴是传统生态学范畴中的一部分。从研究的地域范围而言，由于陆地冰冻圈占全球陆地面积的 52%～55%，海洋冰冻圈占全球海洋面积的 5.3%～7.3%，因此，冰冻圈生态学研究范围主要集中在陆地生态学领域，海洋生态学领域研究范围相对较小。

1.3.2　冰冻圈生态学相关学科

在人类社会可持续发展需求的推动下，生态学已经超越传统以自然生态过程为主体的研究理念，拓展到与经济社会发展密切相关的诸多方面，已经将人类生态学纳入生态学理论体系中，由此进一步驱动了生态学与冰冻圈科学的广泛交叉，并不断加强与人文和社会科学的交叉融合。生态学自身是生物学很多分支学科综合发展起来的具有高度融合的学科，与生物学科的大部分学科，如植物学、动物学、微生物学等具有天然的密切联系。因此，可以与冰冻圈生态学交叉和关联的学科十分广泛，既包括与冰冻圈科学交叉的学科，也包括与生态学交叉的学科。

从狭义角度看，冰冻圈生态学相关学科应该包括冰冻圈科学中的冰冻圈地理学、冰冻圈物理学、冰冻圈化学等，并与传统的冻土学、冰川学关系紧密。传统生态学领域的所有二级学科类别均是与冰冻圈生态学密切相关的学科，主要包括动物生态学、植物生态学、微生物生态学、生态系统生态学、景观生态学、修复生态学和可持续生态学等，这些生态学二级学科在冰冻圈范围内无疑是冰冻圈生态学的组成部分。大体上，冰冻圈生态学与其他相关学科间存在如下关系。

（1）冰冻圈科学和生态学理论体系与方法的共生性：冰冻圈科学的理论与方法为冰冻圈生态学提供了识别冰冻圈环境要素及其变化的基础，为探索冰冻圈环境与生物相互作用关系和机制提供了驱动生物演变并反馈作用的环境动力和受体。冰冻圈生态学是生态学与冰冻圈科学的新型交叉学科，在一定程度上也可以视作生态学的分支学科，其继承和延续了绝大部分生态学的理论与方法。因此，一般生态学的基本理论和方法体系无疑构成它的基本理论和方法。由此，冰冻圈生态学天然地与冰冻圈科学和生态学这两个母体学科在大部分理论和方法方面具有共生性。

（2）地理学、地质学、大气科学和海洋科学的基础性：生态学在发展过程中与地球科学的这些分支学科形成了较为密切和广泛的交叉，促进了生态系统生态学、景观生态学、水文生态学、流域生态学、区域生态学乃至全球生态学等诸多分支学科的迅速发展。地球科学的上述诸多分支学科是冰冻圈科学形成与发展的基础，因此，这些地球科学分支学科连同植物学、动物学等生态学基础学科是冰冻圈生态学赖以形成与发展的重要基础。

（3）人文、社会与经济学的协同性：冰冻圈科学研究的重心是通过系统厘清冰冻圈变化的影响及其寒区生态效应，制定人类社会应对这些变化的可持续发展路径。"未来地球"（Futuer Earth）计划也强调自然科学与社会科学的广泛交叉与融合。一方面，冰冻圈生态学的发展必须要与人文、经济和社会科学紧密结合，这样不仅使冰冻圈生态学直接服务于人类发展，而且是尽最大可能发挥寒区生态系统服务的必由之路。另一方面，寒区人文科学和经济学的发展，也需要与冰冻圈生态学协同发展，以促进社会、经济发展与区域生态、环境和资源的协调，为寒区生态文明建设和绿色发展创建学科基础。

1.4　冰冻圈生态学的主要内容

从生态学的一般内容出发，冰冻圈生态学的主要内容包括冰冻圈生物作用环境，冰冻圈生物种群、群落与生态系统的一般性结构与分布格局，以及冰冻圈生态系统的主要功能等。同时，冰冻圈生态学还需要关注冰冻圈对环境变化的极度敏感性、对生态系统的影响、适应冰冻圈环境变化的生态系统健康维持与保护的对策等。因此，基于冰冻圈生态学学科的完整性、系统性、综合性以及服务人类福祉的需求等，冰冻圈生态学的主要内容可以概括为以下几方面：

（1）冰冻圈生态学环境特征，从生态学角度阐释对冰冻圈环境的认识，其中冰冻圈环境包括冰缘环境、冻土环境、积雪环境、海冰环境等类型。

（2）冰冻圈的种群生态学，研究冰冻圈中生物种群的基本特征、时空动态、种群之间以及种群和冰冻圈环境之间的相互作用过程等，同时，研究生物种群对冰冻圈变化响应的基本规律与调节机理，冰冻圈的种群生态学是冰冻圈生态学中最基本的组成单元。

（3）冰冻圈的生物群落生态学，研究冰冻圈生物群落的分类和分布规律、冰冻圈生物群落的组成与结构，以及影响生物群落结构的主要冰冻圈因素；研究冰冻圈生物群落演替的基本特征与阶段规律、生物群落多样性与稳定性和生物群落功能的关系、生物群落演替的冰冻圈驱动机制等。

（4）陆地冰冻圈生态系统生态学，其是冰冻圈生态学的主体内容。研究陆地冰冻圈生态系统的组成、结构、类型及其基本特征；阐释冰冻圈环境与生物体相互作用下形成的生态系统物种流、能量流、物质流、信息流和价值流的基本规律；研究冰冻圈生态系统的层级、服务功能、健康维持和可持续管理的基本理论与方法。

（5）海洋冰冻圈生态系统生态学，研究海洋冰冻圈各要素与其作用区海洋水生态系统间的相互作用关系，海洋冰冻圈分布与变化对其作用区海洋生态系统组成、结构与功能的影响，重点关注生物多样性、生产力和碳汇等在冰冻圈要素作用下的形成与演化规律及其应对全球变化的适应策略等。

（6）全球变化下，冰冻圈生态系统的响应与适应规律是目前冰冻圈生态学在应用领域的研究热点。冰冻圈生态系统被认为对全球变化最为敏感，其对全球变化的响应与适应及其生态系统服务变化是人们广泛关注的焦点问题，目标是寻求应对全球变化的冰冻圈生态系统稳定维持的路径与管理机制。

除了以上核心内容外，作为新型交叉学科，冰冻圈生态学的研究方法是需要不断创新发展的，方法论的探索发展是冰冻圈生态学研究的核心。

1.5　冰冻圈生态学的发展历程

1.5.1　冰冻圈生态学研究的起步与发展阶段

20 世纪 80 年代及以前，长期对多年冻土研究发现，在局域尺度上，冻土的形成除受地形条件影响以外，植被因子的作用也十分显著。其机理表现在植被覆盖对地表热动态和能量平衡的影响、植被冠层对降水与积雪的再分配，以及植被覆盖对表层土壤有机质与土壤组成结构的作用等方面。首先，植被冠层对太阳辐射具有较大的反射和遮挡作用，可显著减小到达冠层下地表的净辐射通量，阻滞地表温度的变化，对冻土水热过程产生直接影响；其次，由于低温环境下根系分解速率较低，多年冻土区植物的活根与死根扭结在一起，在土壤中形成厚达 5～30cm 的致密根系层，坚实且富有弹性，它具有良好的隔热作用，其导热系数是亚砂土与细砂质砾石地面导热系数的 1/6～1/3。根系层往往与土壤有机质和植物残体等结合在一起，进一步改变土壤热传导能力，从而影响活动层土壤水热动态。在泛北极地区，森林和灌丛对积雪的拦截、阻挡以及捕获等作用导致积雪的空间分布存在较大的差异性，其成为多年冻土分布空间异质性的成因之一。因此，生态是冻土发育程度的重要环境因子。这期间，也有一些研究者初步探索了多年冻土区土壤冻融过程对植被的影响，从高寒草地优势植物物种的根系分布、植物地上形态以及植物生长节律等与土壤温度的关系方面获得多年冻土区植物长期进化的适应策略。研究认为，高原地区植物与冻土相互影响、相互制约。研究植物与冻土之间相互关系的重点在于探索植物适应冻土的途径和方式。

冰缘湿地的研究可以认为是冰冻圈生态学研究早期萌芽的代表之一，最早可以追溯到 20 世纪初期，1915 年出版的俄罗斯沼泽学奠基著作《沼泽和泥炭地及其发育和结构》《沼泽表生学分类尝试》等，对于冰缘湿地的形成、分类及其生态学特征等就有了较为详细的描述。我国对冰缘湿地的研究相对较晚，大约在 20 世纪 70 年代开展青藏高原综合科学考察期间，对高原湿地进行了较为系统的调查，以中国科学院长春地理研究所（现中国科学院东北地理与农业生态研究所）为主的一些研究机构，着手对青藏高原湿地形成、分类、演变与资源化利用和保护方面进行研究。其间，在对西藏大面积高海拔湿地形成的认识中就提出冰蚀洼地为湿地形成的主要地貌条件、冰雪融水为主要水分补给来源、多年冻土层为隔水底板等基本形成原理。20 世纪 80 年代后期至 90 年代初，季中淳对我国冰缘湿地进行系统调查分析后，提出冰缘湿地类群的主要特点为大小兴安岭湿地分布有森林和灌丛类群，除此之外的冰缘湿地以草本植物为主，且植株密集、低矮，植物生活型表现以地面芽最丰富、地上芽次之；在冰缘环境条件下，湿地植物类群能够巧妙地利用短暂的生长季节和这一时段有利的水热条件来补充营养，同时完成其生理活动过程；除盐泽外，湿地类群大多有密集的草根残体层和泥炭层。

冻土微生物的研究是冰冻圈生态学研究早期的另外一个主要热点领域。1911 年，俄罗斯科学家 Omelyansky 在研究西伯利亚的冻土时，首次报道了冻土中有生物活性的微生物存在。20 世纪 30～40 年代，苏联科学家调查贝加尔湖、乌拉尔北部地区、雅库茨克中部以及北极岛屿冻土时，均发现了具有生物活性的微生物。同时，在加拿大东南部的马尼托巴湖附近 2～3 m 的砂砾冻土层下发现了具有生物活性的好氧和厌氧细菌。1950～1970 年，科学家们对北极土壤、加拿大和美国阿拉斯加北部的冻土微生物群落进行大量调查，发现北极土壤中有许多微生物种类和生理类群。Boyd 等在 1964 年首次定量调查了北极西部的冻土微生物，分离培养不同深度的冻土中的微生物，发现随深度增加，微生物数量急剧减少。这期间的一个重要学术进展就是多年冻土是地球上微生物生命的独特栖息地，是古老的活细胞的巨大储存库，多年冻土也被认为是用于探究生命在寒冷星球上（包括火星）生活的一个十分有启示意义的样板。尽管冻土微生物研究的早期工作主要是对微生物种类、数量及分布区的研究，但这些进展推动了微生物学在冻土地区的大范围应用，也推动了冻土微生物学科的发展。

1.5.2   冰冻圈生态学的早期形成阶段

寒区生态系统与冻土环境之间的相互关系一直是北极地区生态和环境变化研究的核心科学问题，早在 20 世纪 80～90 年代初，美国、加拿大以及苏联的众多科学家就开展了北极地区全球气候变化下，冻土环境变化及其对区域生态系统结构、生产力的影响以及生态系统的空间分布格局变化特征的研究（Hinzman et al., 2005）。国际地圈-生物圈计划（International Geosphere-Biosphere Pragramme, IGBP）在高纬度的西伯利亚和阿拉斯加所设立的全球变化研究样带上开展了大量有关冻土-植被-大气相互作用和温室气体与水分通量等的研究，其主要目的就在于揭示北极地区冻土-植被-大气相互作用与互馈机制，理解、图示和定量模拟生态系统、土壤、水文以及温室气体通量对冻土环境变化的响应过程，探索控制区域水碳通量的途径（McGuire et al., 2009）。由 MRI 和联合国教育、科学及文化组织（UNESCO）联合推出的《山区全球变化研究战略》（*Global Change in Mountain Regions*, GLOCHAMORE）（2005～2010 年），以欧洲西部和北部山地为主，突出不同山地生态系统对山地积雪和冻土变化的响应以及适应。自 2005 年以来，伴随 IGBP 第二阶段研究计划中启动实施气候与冰冻圈计划，在阿拉斯加、斯堪的纳维亚半岛和加拿大北部一些地区开展了积雪协同冻土变化的二元要素对生态系统作用的观测研究。这些冰冻圈生态学领域的大量研究进展从不同层面揭示冰冻圈作用区生态系统对冰冻圈要素变化的响应特征，为冰冻圈生态学的诞生与发展奠定重要的理论认识与方法论基础。

另外，冻土微生物学在 20 世纪 90 年代发展十分迅速，使人们不仅对不同冻土区的微生物多样性、生态分布有更多的了解，而且对它们的生理生化代谢特性、系统遗传性质及冷冻适应机制进行广泛的研究。这期间，不仅系统辨明了北极和南极冻土微生物的分类与功能特性,而且证明冻土中分离得到的微生物的新陈代谢可能发生在接近$-40℃$的温度下,并进一步厘清冻土微生物的碳循环和氮循环的基因群组结构与组成。这些进展极大地促进冰冻圈生态学领域中微生物学的发展。

积雪对植物的作用一直是寒区植物学研究的重点之一。早在 20 世纪 80 年代后期和 90 年代初期,北半球高山带和北极地区的一些研究进展就明确了积雪厚度、积雪融化时间等不仅决定了植被类型及其群落组成,而且也对植物的生态特性,如冠层高度、叶面积指数以及生物量等起着关键作用。不同厚度积雪环境和积雪覆盖时间等因素下,可适应的植被类型存在较大差异。反过来,不同植被类型对积雪的空间格局、积雪密度、融雪时间以及雪的升华过程等有较大影响。20 世纪 90 年代以后,随着人们普遍认识到积雪与生物之间存在十分密切的相互作用关系,且这种关系对积雪区域及积雪期间的水文和环境有较大影响,国际冰雪委员会成立了一个雪生态学工作小组,其从生态系统理论出发,系统总结积雪与生物的相互关系及其影响。该小组在 2001 年编著出版了第一本冰冻圈生态学意义上的专著《雪生态学》(Jones et al., 2001),其首次从物理、化学和生物学的基本原理与过程角度,系统阐释了积雪与生物体之间以及雪生态系统中的生物体与周围其他环境因子之间的相互作用关系、作用机理及其生态学意义等。

1.5.3　冰冻圈生态学的快速发展阶段

2010 年以后,伴随着全球变化、冰冻圈系统科学以及可持续发展等领域的不断发展,寒区生态学也得到快速发展。Osawa 和 Zyryanova 于 2010 年编辑出版了《冻土生态系统:西伯利亚落叶松林》一书,Forbes 于 2013 年编辑出版了苔原生态学中重要的《苔原生物群落》一书,进一步推动了北极地区冰冻圈生态学的形成与发展。此后,围绕全球气候变化对北欧高山带、北极和青藏高原等寒区生态系统的影响进行研究,在生态学领域的多个方面取得了大量理论认识上的进展,大幅度拓展了对寒区生态系统对冰冻圈变化的响应与适应的理论认知,特别是在全球气候变化下,在北极与青藏高原地区生态系统分布格局、结构以及碳循环过程对冻土、积雪变化的响应方面取得了大量研究成果,极大地推动了冰冻圈生态学理论体系的发展。我国在冰冻圈科学领域的快速发展,带动了我国冰冻圈生态学从无到有继而飞跃式发展的过程。2017 年,秦大河主编的《冰冻圈科学概论》出版,冰冻圈与生物圈的相互作用列为其中的重要内容进行了系统理论归纳,形成了冰冻圈生态学的初步框架。2018 年出版的"中国学科发展战略"丛书中的《冰冻圈科学》,该书对冰冻圈生态学中十分重要且发展较为迅速的学科方向、冰冻圈与生物地球化学循环的战略发展进行了系统阐释,从而为促进我国冰冻圈生态学的发展奠定了重要基础。总体而言,进入 21 世纪第二个 10 年以来,冰冻圈生态学逐渐在其理论体系、应用范畴等方面有了大幅度拓展,开启了其快速发展的通道。

1.5.4　方法论及其发展态势

冰冻圈生态学的研究方法同样体现出冰冻圈科学研究方法与生态学方法的结合。与其他许多自然科学一样，生态学的发展趋势是由定性研究趋向定量研究，由静态描述趋向动态分析，并逐渐向多层次的综合研究发展。现阶段，从个体、种群与群落、生态系统等不同尺度上进行多层次与多尺度融合的综合分析，基于叶片、冠层尺度的生物生理生态学机理模式与宏观区域尺度生态动态模拟相结合，以及生物地理、生物物理和生物化学过程相耦合的综合分析与数值模拟等，成为方法论方面的主要发展领域。冰冻圈科学的研究所依据的方法论基础十分"宽泛"，传统的地理学、大气科学、水文科学、海洋科学、地质学以及环境科学等领域的方法，以及人类社会可持续发展的理论与方法等，均应用于冰冻圈不同要素和不同过程与问题的研究。总体而言，冰冻圈科学着重从动量、能量、水量以及其他物质平衡理论和方法出发，研究冰冻圈要素自身的形成、分布与动态变化过程、驱动机制及其与其他圈层的相互作用关系与机理。对于冰冻圈科学与生态学交叉发展起来的冰冻圈生态学，其研究主要依托的理论与方法立足于冰冻圈科学和生态学的理论和方法的不断发展，广泛采用冰冻圈科学的研究方法与生态学研究方法相融合的方法，来解决在冰冻圈环境作用下生态系统格局、过程与机理的问题。

最近 20 多年来，生态学与水文学交叉发展了生态水文学，海洋科学中早期建立起来的海洋生态学学科体系也得到了迅速发展，传统植物地理学和环境地质学中原来的植物学理论范式逐渐向生态学扩展。这些学科理论和方法的发展为冰冻圈生态学理论和方法的不断发展和完善提供重要基础，冰冻圈生态学的主要研究方法将来源于这些学科在冰冻圈科学领域的应用。大量相关学科的交叉不断加强不仅是冰冻圈科学和生态学发展的动力，也无疑是冰冻圈生态学发展的基本途径。未来冰冻圈生态学研究方法的发展，既取决于生态学领域的新技术和新方法的发展，也依赖于冰冻圈科学方法论的不断进步，但一个更加需要关注的发展方向为冰冻圈生态学通过与物理学、化学学科交叉，实现在物理机制和化学过程领域的计量方法的发展，从这个角度出发，不断开发基于冰冻圈生态学若干机理的定量模式是方法论发展的重要领域。

思　考　题

1. 什么是冰冻圈生态学？简述其具体的研究内容。
2. 简述冰冻圈生态学与其他学科的关联性。

第 2 章
冰冻圈生物种群特征与动态

2.1 冰冻圈环境

这里的冰冻圈环境，既包括冰冻圈内生物体或生物群体赖以生存与繁衍的生境，也包括间接影响这些生物体或生物群体生存与活动的一切事物的总和。一般而言，影响生物生存与繁衍的非生物因素在一个较大的地理区域上起作用，可以依据冰冻圈环境因子的特性，如冰川、冻土、积雪，或者是土壤类型、气候和地形地貌等划分不同的环境区域。生态学研究生物与环境的相互关系，对环境进行分类或分区有利于明确不同生物或生物群体适宜定居的环境，并根据生物种类的一定组合特征（即生物群落）区分不同的冰冻圈生物类别区（或气候区）。在生态学范畴，把具有相似非生物环境和相似生态结构的区域称为生物群落带，但其中存在局地因素控制的差异性小环境，据此生态学里强调小环境的重要性。为了系统地理解冰冻圈非生物环境的基本特征、大环境与小环境的区别及其对生物体的重要性等，本章对冰冻圈生态学中关键的非生物环境因子进行较为全面的介绍。

2.1.1 陆地冰冻圈环境

1. 冰缘带环境

依据《冰冻圈科学辞典》给出的定义，冰缘带是指冰川作用区以外的冻融作用盛行的气候寒冷地区，也称为冰缘区。冰缘带有两大主要标志：一是冻融过程强烈，二是存在多年冻土。在地理分布上，高纬度地区的现代冰缘带主要与苔原带重叠，其分布于树线和极地之间。在中、低纬度的高原和高山地带，冰缘带则主要分布在雪线与林线之间。因此，现代冰缘带的分布范围大于多年冻土区，除了上述区域外，还包括冻融作用较强的部分深冻结季节冻土区。在全球范围内，第四纪冰期的冰缘带面积占地球陆地面积的45%～50%，而现代冰缘带面积也占全球陆地面积的近 25%。按地貌和气候条件的差异，高纬度冰缘带可划分为亚极地海洋性冰缘带、亚极地大陆性冰缘带、北方冰缘带、极地冰缘冻原带、极地冰缘冻融碎屑带和高极地冰缘冻融碎屑带等。

冰缘带环境是指塑造冰缘地貌形态、形成冰缘带典型地表过程和冰缘景观与生态的环境要素的总称。土壤特征是冰缘带环境的重要组成部分，在青藏高原面的多年冻土分布区，土壤成土时间短，以物理风化为主导，化学风化和生物风化微弱，成土母质深刻地影响着土壤的形成和发育，主要土壤类型有高山寒漠土、高山草甸土、高山草原土和沼泽土等。

通常把 0℃ 及以下含有冰的各种岩石和土称为冻土，温度等于或低于 0℃ 但不含冰的土壤称为寒土（秦大河等，2016）。寒土有干寒土和湿寒土之分，致密的岩体和干土在 0℃ 及以下时既不含冰也不含水，其被称为干寒土。岩石裂隙和土壤孔隙含有咸水或盐水时仅在很低的负温时才冻结，这种具有高于其冻结温度的负温、不含冰但含有未冻咸水或盐水的岩土称为湿寒土。冻土的分类多样，按其生存时间划分为瞬时冻土、短时冻土、季节冻土、隔年冻土和多年冻土；按冻结条件划分为共生多年冻土、后生多年冻土和多生多年冻土；按冻土中地下冰含量的多少划分为富冰多年冻土（体积含冰量大于 50%）、多冰多年冻土和少冰多年冻土（体积含冰量小于 25%）。冬季冻结、夏季全部融化的岩土为季节冻土；冬季冻结、仅在随后的夏季不融化的岩土为隔年冻土；冻结时间达 3 年或 3 年以上的岩土为多年冻土。冻土是一个复杂的多相和多成分体系，至少由气相、固相、液相三相组成。即使所有液态水都变成固态冰，冻土中也始终保留着部分液态水，这部分液态水称为未冻水，这是冻土生物过程持续存在的主要因素之一。冻土中未冻水含量及其迁移转换是导致冻土中地下冰形成与分布、冻土物理力学性质变化、冻土中可溶性物质迁移等过程的主要驱动因素。

冻融作用是冻土区最主要的地表过程和环境因子，是指冻土中的水分交替冻结和融化所发生的一系列物理化学作用，以及产生的各种影响。土层冻结，其中水分向冻结锋面迁移，产生重分布并变成冰，使原土层体积增大，或使地面抬升的过程称为冻胀作用。与冻胀过程有联系的冰缘地貌形态有冰锥、冰丘（冻胀丘）、冻胀拔石、泥炭丘、冻胀草丘等。天然或人为因素改变了地表状况，引起季节融化深度增加，导致层状地下冰或高含冰冻土融化，而使地面下陷或改变地表形态的过程称为热融作用。热融作用可以形成热融滑塌、热融洼地、热融湖、热融沟等。冻融作用是活动层土壤结构、土壤微生物、土壤养分与水分分布和动态变化的主要驱动因素之一，其显著作用于陆地生态系统类型、结构、格局与功能的形成、分布和变化。

2. 冷生土壤环境

在土壤学分类中，青藏高原及其周边多年冻土区土壤在我国的分类中属于高山土纲，本土纲相当于美国土壤系统分类的新成土纲（Entisol）、始成土纲（Inceptisol）、有机土纲（Histosol），联合国土壤分类的始成土（Cambisols）、潜育土（Gleysols）、粗骨土（Regosols）、有机土。高山土纲包括湿寒高山土、半湿寒高山土、干寒高山土以及寒冷高山土 4 种亚纲（表 2.1）。土类中分布有草毡土、黑毡土、寒钙土、冷钙土、寒漠土、冷漠土以及寒冻土等，它们构成青藏高原及其周边高海拔冻土区的土壤类型，是这些区域生态系统赖以生存和繁衍的主要物质基础和生境条件。我国东北多年冻土区土壤类型及其分布有其特殊性，与表 2.1 的高山土完全不同（表 2.2），其主要分布淋溶土和半淋溶土两种土纲，包括温湿淋溶土、湿寒温淋溶土以及半湿温半淋溶土三种亚纲。淋溶土

表 2.1　我国青藏高原多年冻土区土壤分类系统

土纲	亚纲	土类	亚类
高山土	湿寒高山土	草毡土（高山草甸土）	高山草甸土
			高山草原草甸土
			高山灌丛草甸土
			高山湿草甸土
		黑毡土（亚高山草甸土）	亚高山草甸土
			亚高山草原草甸土
			亚高山灌丛草甸土
			亚高山湿草甸土
	半湿寒高山土	寒钙土（高山草原土）	高山草原土
			高山草甸草原土
			高山荒漠草原土
			高山盐渍草原土
		冷钙土（亚高山草原土）	亚高山草原土
			亚高山草甸草原土
			亚高山荒漠草原土
			亚高山盐渍草原土
	干寒高山土	寒漠土（高山漠土）	高山漠土
		冷漠土（亚高山漠土）	亚高山漠土
	寒冷高山土	寒冻土（高山寒漠土）	高山寒漠土

表 2.2　我国东北多年冻土区的主要土壤类型

土纲	亚纲	土类	亚类
淋溶土	温湿淋溶土	暗棕壤土	暗棕壤土、灰化暗棕壤土、白浆化暗棕壤土、潜育暗棕壤土、草甸暗棕壤土
		白浆土	白浆土、草甸白浆土、潜育白浆土
	湿寒温淋溶土	棕色针叶林土	棕色针叶林土、灰化棕色针叶林土、白浆棕色针叶林土、表潜棕色针叶林土
		灰化土	灰化土
半淋溶土	半湿温半淋溶土	灰褐土	灰褐土、暗灰褐土、淋溶灰褐土、石灰性灰褐土
		黑土	黑土、草甸黑土、白浆化黑土、表潜黑土
		灰色森林土	灰色森林土、暗灰色森林土

纲中，以暗棕壤土为主要分布土类，棕色针叶林土则是湿寒温淋溶土亚纲的主要土类，并占据较大面积。

我国冻土区土壤环境最主要的两大土纲的基本特征简述如下：高山土壤多发生在第四纪以来受冰川作用的地带，土壤发育历史甚短，成土母质以冰碛物、残积-坡积物为主。在高寒和冻融交替的气候条件下，土壤受到季节性冻融和多年冻土低温冷储的影响，仅有少数耐寒的灌丛、草本和垫状植物能存活。土壤中物理风化作用占优势，生物化学作用微弱，具有腐殖化程度低、有机质积累缓慢、原生矿物分解弱、土层浅薄、粗骨性强、层次分异不明显，以及黏土矿物以水、云母为主等基本特征。淋溶土是指在湿润土壤水分状况下，石灰充分淋溶，具有明显黏粒积淀的土壤。淋溶土的有机质含量较高，表层有机质含量为 40~80g/kg，高的可达 150g/kg 以上，腐殖质的组成差异较大，无石灰反应，呈微酸性至酸性，盐基饱和度高，在我国一般高于 60%，交换性盐基总量较高，交换性阳离子以钙、镁离子为主，但也有少量的铁、铝离子。铁、铝离子在剖面中部有较明显的累积趋势。其中，棕色针叶林土是我国寒温带的主要森林土壤和地带性淋溶土壤，主要分布于大兴安岭中段和北段山地，位于暗棕壤之北，其硅含量高、盐基含量低，其母质多为岩石风化的残积物和坡积物，少量洪积物、残积物和坡积物质地疏松，风化度低，上层浅薄，混有岩石碎块。

北极地区多年冻土分布广泛，其多年冻土区面积约为 $1.878×10^7$ km²。其中，54%的面积为连续多年冻土区，其余 46%为不连续、大片以及稀疏岛状多年冻土区。北冰洋沿岸和树线以北是地球上多年冻土分布最为集中的地区，主要包括欧亚大陆和北美大陆北部以及北冰洋在内的众多岛屿，其总面积高达 $7.2×10^6$ km²。北极地区气温相对较低，植被凋落物和地下死根不易分解，生态系统同化的有机碳可以较长时间地储存在土壤中，同时，有机质的保温和冻融扰动作用，使得多年冻土通常具有较高的土壤有机碳含量（Tarnocai et al.，2009）。北极地区多年冻土不仅包括陆地多年冻土，同时还包括复合冰多年冻土（海岸和岛屿多年冻土）以及海底多年冻土。海底多年冻土作为极地环境下的产物，主要沿大陆岸线和岛屿岸线呈连续条带或岛状分布，厚度达数米至数百米，其温度较其他类型多年冻土要高。目前，对海底多年冻土的详细分布尚无充分的实测资料支持，但已知在环北极海底大陆架，如阿拉斯加、加拿大和西伯利亚，特别是在喀拉海、拉普捷夫海、东西伯利亚海和波弗特海等广泛分布（秦大河等，2017）。

3. 积雪环境

地球表面存在时间不超过一年的雪层，即季节积雪，称为积雪（秦大河等，2016），季节积雪又分为稳定积雪（持续时间在 2 个月以上）和不稳定积雪（持续时间不足 2 个月）。根据积雪的物理特性，如深度、密度、热传导性、含水率、雪层内晶体形态和晶粒特征，并结合积雪动态特征，如各雪层间的相互作用关系、积雪下垫面植被特征、积雪横向变率和随时间的变化规律等，可将全球积雪分为六类：苔原积雪、泰加林积雪、高山积雪、草原积雪、海洋性积雪和瞬时积雪。另外，国际冰雪委员会根据积雪液态水含量，将积雪划分为干雪（液态水 0%）、潮雪（0%～3%）、湿雪（3%～8%）、很湿雪（8%～15%）和雪浆（＞15%）五类。积雪深度、积雪密度和雪水当量是常用来描述积雪物理性质的指标，其中积雪密度从新雪的 30～150kg/m^3 可以增加到季节积雪的最大密度 300～400 kg/m^3，融雪再冻结的雪壳密度可能高达 700～800 kg/m^3；雪水当量则取决于积雪密度和积雪深度[图 2.1（a）]。

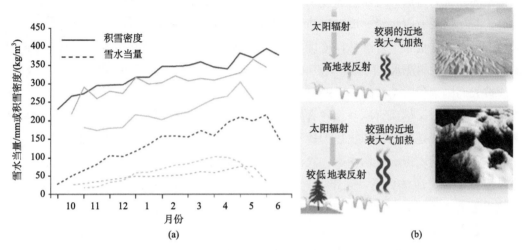

图 2.1　积雪性质随时间的变化（a）及积雪的反射率-温度反馈循环（b）

积雪的空间分布范围仅次于季节冻土，98%的积雪分布于北半球，在南半球集中分布于南极洲。积雪的季节变化显著，北半球陆地积雪面积的季节变化范围通常为 $1.9 \times 10^6 \sim 45.2 \times 10^6$ km^2。中国稳定积雪总面积为 $3.4 \times 10^6 \sim 4.2 \times 10^6$ km^2，主要分布于东北大部、内蒙古东部和北部、新疆北部和西部以及青藏高原地区；不稳定季节积雪区的分布南界位于 24°N～25°N。

积雪具有较高的反照率、较低的热传导性、较高的相变潜热等特性，这些特性对于生态系统以及人类社会具有十分重要的作用，并通过调节地-气能量和水分交换反馈于气候系统[图 2.1（b）]。首先，新雪可反射太阳短波辐射的 85%～95%，仅红外部分被表层吸收，热辐射率达 0.98～0.99，几乎接近完全黑体。因此，积雪可形成冷源性下垫面和近地层逆温层结，使近地面气温显著下降。积雪的反照率大小取决于积雪的反射属性（即雪的粒径、密度、含水量、污化程度或杂质含量等）。另外，新雪的热传导率约为 0.1W/（m·K），是冰或湿土的 1/20～1/10，因此，积雪具有良好的保温作用，在厚度达到一定程度后，可产生显著的限制冻土或冰体发展的作用。但积雪的保温功能是随着它的密度而变化的，伴随着积雪融化，积雪中水分含量增加，其热传导性增加，保温作用逐渐减弱。积雪的防辐射、保温作用是其成为寒区生态系统重要生境的主要原因。积雪的热传导性很差，是地表良好的绝热层，即使气温大大低于冰点，厚度为 30～50cm 的雪层也可使所覆盖的土壤不被冻结，为作物创造良好的越冬条件而成为大部分寒区和极地动物绝佳的越冬栖息场所。积雪表面的蒸发量很小，几乎接近于 0，所以对土壤蓄水保墒、防止春旱具有十分显著的作用。

积雪可以对自然和人类社会产生有用价值，但也可以形成自然灾害而损害生态系统与人类社会（图 2.2）。常见的积雪灾害包括以下几方面：①雪崩。积雪的山坡上，当积雪内部的内聚力抗拒不了它所受到的重力作用时，便向下滑动，引起大量雪体崩塌，这种自然现象称为雪崩。雪崩时速度可以达到 20～30m/s，随着雪体的不断下降，其速度也会不断加快，有时雪崩速度可以达到 97m/s。雪崩具有突然性、运动速度快、破坏力大等特点。它能摧毁大片森林，掩埋房舍、交通线路、通信设施和车辆，甚至能堵截河流，发生临时性的涨水。同时，它还能引起山体滑坡、山崩和泥石流等山地灾害。因此，雪崩被人们列为积雪山区的一种严重的自然灾害。②风吹雪。大风挟带雪运行的自然现象称为风吹雪，又称风雪流，风吹雪的灾害危及工农业生产和人身安全。风吹雪对农区造成的灾害主要是将农田和牧场大量积雪搬运至其他地，使大片需要积雪储存水分、保护农作物墒情的农田、牧场裸露，农作物及草地受到冻害；风吹雪在牧区造成的危害主要是淹没草场、压塌房屋、袭击羊群、引起人畜伤亡；风吹雪还会对公路造成破坏。③牧区雪灾。牧区雪灾又称白灾，是长时间大量降雪而造成牧区大范围积雪成灾的自然现象。它主要是指依靠天然草场放牧的畜牧业地区，由于冬半年降雪过多和积雪过厚，雪层维持时间长，影响畜牧正常放牧活动的一种灾害，其常常造成牧畜流产，仔畜成活率降低，老弱幼畜饥寒交迫、死亡增多，同时还严重影响甚至破坏交通、通信、输电线路等生命线工程，对牧民的生命安全和生活造成威胁。

(a) 雪崩破坏交通或河道　　　　　　　　　　　　　　(b) 牧区雪灾

图 2.2　典型积雪灾害

4. 山地冰川环境

地球上的山地冰川数量众多，类型多样，按照冰川的形态和规模，地球上的冰川基本上可分为两类，即冰盖和冰川。冰盖也称为大陆冰盖，是指面积大于 $5 \times 10^4 \, km^2$ 的冰川，其不受地形约束。冰盖几乎不受下伏地形的影响，自中心向四周外流。目前，地球上有南极冰盖和格陵兰冰盖。冰川是除冰盖外陆地冰川的统称，包括冰帽、冰原、山地冰川等。不同地区、不同地形条件下，冰川形态各异、规模不等。从粒雪盆伸入谷地、具有狭窄而长大冰舌的一类冰川，称为山谷冰川。中国现代冰川划分为大陆性冰川和海洋性冰川，其中大陆性冰川进一步划分为极大陆性冰川和亚大陆性冰川。

冰的透光性很好，但随着冰厚度增加，冰体可能呈现蓝色或深绿色，这是因为波长较短的蓝色光被部分吸收和散射，如同较深的水体一样。绝大部分冰川冰都含有杂质和/或气泡，从而使其透光性减弱。冰的反射率也取决于其洁净程度，从而使纯冰的反射率与冰晶组构、温度和波长有关。比较洁净的冰面，反照率可达 0.6，如果是干净的新雪面，则可达 0.9 或更高。

与其他类型地表一样，冰川（或冰盖）从表面向内部随着深度的增加，温度变化的幅度越来越小，融化周期越短，减小越快。如果取热学参数为纯冰的参照值，年周期的温度波动振幅在 10 m 深处仅为表面振幅的 5%，在 15 m 深处为 1.1%，在 20 m 深处为 0.24%。所以，通常可将十几至二十米深度看作是年变化层底部。年变化层还可以分为温度梯度方向随季节变化的上部和温度梯度方向不变的下部。中国冰川学者曾称温度具有年变化的冰川的近表面层为"活动层"，但国际上多称"表面层""近表面层"。海洋性冰川以大降雪量和高消融为特点，绝大部分区域的近表层下部温度终年接近或处于融点，但表面数米内温度有季节变化。如果积累区上部海拔很高，可能存在温度较低的情况。通常认为，温冰川或海洋性冰川底部温度处于融点，冷冰川或大陆性冰川如果厚度较大，或者受融水作用影响，局部地方底部温度可能处于或接近融点（压力融点）。

南极冰盖中心地带冰体中主要化学离子含量较低，这是由于该地区是西南极海汽通道上气团传输的终点，也是陆源物质和全球污染物传输的最远点，其雪冰化学特征基本上代表了对流层顶和平流层底部大气环境状况的全球本底值。青藏高原冰川中主要离子浓度空间基本特征表现为北部远高于南部地区（如喜马拉雅山脉），这种空间特征主要反映了冬、春季青藏高原中部到北部以及中国西北地区频发的沙尘天气为冰川区输送陆源物质的差异。同时，青藏高原北部冰川中主要化学离子浓度在全球偏远冰川区中最高，化学离子的来源以陆源为主（如 Ca^{2+}、Mg^{2+} 和 SO_4^{2-}），反映出亚洲粉尘对青藏高原大气环境影响极大。青藏高原南部冰川中化学离子浓度与北极地区接近。这种空间分布特征反映了大气环境本底水平区域差异，其受到自然（陆源和海源）和人为来源的双重影响。

随大气环流传输并沉降到冰川表面的微生物主要包括病毒、细菌、放线菌、丝状真菌、酵母菌和藻类，它们以耐冷的生物为主形成一个生命形式相对简单的生态系统。人们已经明确全球冰川中微生物种类繁多、资源非常丰富，但由于冰川环境的巨大差异，因此形成明显不同的生物群落结构，也说明不同冰川环境对微生物类群结构和分布存在较大影响。藻类和菌类承担主要生产者的作用，它们以粉尘物质为养分，并包裹粉尘颗粒物进行大量繁殖，最终形成冰尘（cryoconite）。冰川上富集的藻类会产生大量的有色物质，从而显著降低冰川表面的反照率，加速冰川表面的消融过程，进而影响冰川的物质平衡。冰川微生物具有明显的分层结构，也存在季节变化，如喜马拉雅山脉的亚拉（Yala）雪藻生物量的季节变化显著，并形成明显的雪藻年层，其与微粒和氧稳定同位素比率的季节变化具有较好的一致性。

2.1.2　海洋冰冻圈的环境

根据不同的定义，海洋冰冻圈不仅包括海冰，还包括上覆积雪、冰架和冰山，甚至包括海底多年冻土（秦大河，2016）。由于目前还没有将海底多年冻土作为生态系统研究的案例，本书要介绍的海洋冰冻圈生态系统的环境介质就是冰和雪，冰包括海冰、冰架和冰山。冰雪物理形态变化也会衍生出一些特殊的生境类型，如冰（雪）上融池和冰山-海水界面。这些特殊类型的生态系统虽然是以水（海水或半咸水）为环境介质，但是生物群落的演替规律受冰雪影响，这些特殊类型的生态系统与海洋生态系统有明显的差异。

另外，海洋冰冻圈的环境和生物之间的关系与陆地冰冻圈也有显著的不同。陆地冰冻圈有专性生活在冰雪中的微型生物，但更多的是兼性生活的种类。例如，高等植物仍然是通过根从雪下土壤中吸收养分，一些生活在雪地的小型哺乳动物的食物来源也不限于冰雪中的生物或者有机物。海洋冰冻圈和海水之间巨大的盐度差决定了极少有生物能兼性生活在海水和海冰（积雪）中，海洋冰雪生物与淡水生物的亲缘关系通常比海水生物近。

1. 海冰积雪

海洋冰冻圈的积雪和海冰通常是共存的，海冰形成几天后就会有积雪覆盖。只有降落到海冰上的雪才能堆积并且长时间存在，同时也极少有海冰的表面没有积雪。前者很容易理解，因为降落到海水中的雪会快速融化。后者出现的原因如下：一是冰雪存在的极区环境降水多是以雪的形式出现，二是海冰低温的属性使得降雪更加容易堆积。

在陆地冰冻圈，可以根据物理性质或者植被带对积雪进行分类，而在海洋冰冻圈，积雪的水分含量和存续时间长短是最主要的分类依据。前者决定了是否适宜生物生存，后者决定了生物种群生存和繁殖的可能性。所以，积雪一般会分为干雪和湿雪，或者新雪和陈雪。

2. 海冰

海冰是海洋冰冻圈最重要的环境介质。首先，海冰覆盖了地球表面约 7%，约占全球海洋面积的 12%。海冰全年出现在多年海冰区，包括北冰洋的中央和南极洲的小部分，主要位于西威德尔海。只在冬季出现海冰的区域称为季节性海冰区，该区域可延伸至平均纬度约 60°的位置。世界上大部分的海冰集中在两极地区。纬度最低的海冰分布区为中国的黄、渤海，渤海和北黄海的冰情随着每年冬季气候的差异而不同，暖冬结冰范围不足海域的 15%，而在严寒的冬季海冰覆盖 80 %以上的海域。海冰具有显著的季节和年际变化特征。北半球海冰范围在 3～4 月达到最大，8～9 月达到最小。北极海冰最大范围超过 15×10^6 km^2，夏季最小时只有约 6×10^6 km^2。其次，海冰具有适合生物生存的卤水通道，其是地球上面积最大的生境之一，其中生活着多样性极高的生物群落，主要是细菌、微藻和原生动物（图 2.3），偶尔也会有后生动物在生活史的特定阶段进入海冰微生境中觅食。

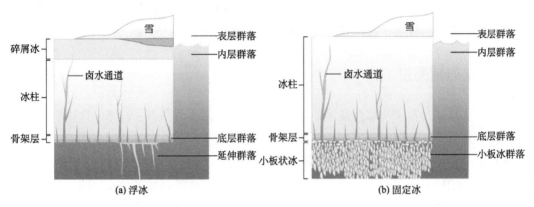

图 2.3　浮冰和固定冰的结构示意图（Arrigo，2014）

海冰结构上一个最重要的特征就是其内部的卤水通道，这些通道的存在是海冰内部可以作为生物生存环境的重要因素。虽然冰晶体凝结过程中是脱盐的，但冰晶体愈合成网状结构或者呈脊状突起愈合的过程中，会有一些盐水被封闭在海冰中。凝结过程中的析盐作用使得这些海水的盐度越来越高、冰点逐步降低、凝结难度逐渐加大。虽然这些卤水也会持续排放到海水中，但当卤水体积降低到一定程度（＜5%）时，这些卤水通道就会相互隔离，排盐的能力也显著降低。从实际情况来看，当年冰的整体盐度会降低到5～8 的水平，多年冰因为排盐水的时间更长，最终的盐度只有 1 左右。然而，当卤水体积降低到 5%以下时，这些卤水通道就会相互隔离，排盐的能力也显著降低。如果这一过程中，微生物活动产生的胞外多糖浓度足够高，也会阻碍卤水顺着通道排出。

这些通道中海水的盐度也与海冰的温度有关，其原因在于海水的冰点温度受盐度控制，盐度越高冰点越低。对于给定盐度，其在特定冰点温度下达到溶解/凝结平衡，温度继续降低则加速凝结，同时增加盐度进一步降低冰点，反之则溶解。因此，在海冰垂直结构上，一般上层管道中的卤水盐度更高，气温接近−20℃时盐度会超过 150，而底层由于海水温度稳定在−1.5℃左右，卤水盐度也稳定在 35 附近。

2.2　冰冻圈环境与生物的关系

从陆地生物关系的角度，陆地冰冻圈环境在高纬度地区主要指北方森林带（泰加林带）以北的区域，其大部分与北极灌丛和苔原带重叠，分布于树线和极地之间；在中、低纬度的高原和高山地带，其主要分布在雪线和林线之间。本节主要介绍陆地冰冻圈中，位于中低纬度且分布于雪线和林线之间的高山植物及其与环境之间的关系。其环境特点主要是稀薄的空气、较强的太阳辐射和紫外线；低温、日较差大；季节性强风、土壤有效养分含量低。受到高山带特殊气候环境的影响，植物体型矮小，呈现高山矮态且呈斑块状分布。高山植物为了抵御大风及风雪交加的天气的侵袭，进化了流线型（或铁饼状）的外表及贴地生长的习性。其中，垫状植物由于对极端温度变化和季节性强风具有较强的忍耐能力而成为分布于高山带的一种重要的优势植物。

2.2.1　光热敏感性

高山植物通过花梗的弯曲或转动来追踪太阳，从而改善花内部温度，这样有利于吸引传粉者并促进繁殖器官的发育，进而提高繁殖成功率，这种现象称为光热敏感性。这些现象集中表现在分布于高山区的蔷薇科、毛茛科和旋花科等植物种中，其中尤以对高山区毛茛科的研究最为详尽。研究发现，高山区恶劣的环境，尤其是剧烈的日较差变化不仅限制传粉活动、减小基因流，而且抑制花粉萌发和花粉管生长、降低结实率，而高山植物的向日性通过促进繁殖器官的温度积累来提高繁殖成功率，这是高山植物对低温环境的一种适应。总之，生长在冰冻圈环境下的植物对光热具有敏感性，它们通过调整自身器官来捕捉更多的热量，增加花序和花内温度，吸引昆虫拜访，提高传粉率；增加花粉产量及散播，加速雌雄性器官的成熟和花粉管生长，缩短了在短暂生长季节里的繁殖时间，这是高山植物对寒冷环境的一种适应。

冰冻圈环境下一般具有较强的紫外辐射，植物为了适应这样的环境，进化了一些抵御紫外辐射损害的能力，如形成厚的细胞壁和表皮、在叶片表面发育厚的蜡质层和毛状物等来增强反射或阻止对紫外辐射的吸收；进化了随紫外辐射强度变化而改变色素的生理反应，以及对紫外辐射造成的 DNA 损伤进行紫外修复的能力，如紫外线会诱导酶进行光分解作用，从而对 DNA 损伤进行修复等。

2.2.2　抗逆性

日温度变化幅度较季节温度变化急剧，高山植物通常遭受冰雹、夜间霜冻等侵袭，因此发展了抵御低温冰冻胁迫的特殊生理机制。

1. 低温下光合作用

为了适应长期恶劣的低温环境，高山植物能在低于 0℃ 下进行光合作用。例如，高山地衣植物 *Parmelia encausta* 光合作用的适宜温度为 $-10\sim0$℃；高山珊瑚枝（*Stereocaulon alpinum*）在–23℃下仍能进行光合作用；将这两种植物在–30℃下低温处理 15h 后，再复置于 0℃以上恢复数小时，其光合速率则迅速恢复。

2. 低温下的呼吸作用

长期的低温环境使得高山植物演化成高呼吸活性的线粒体。例如，无论夏季还是冬季，高山林线处的挪威云杉（*Picea abies*）枝条的呼吸速率均比低海拔处的高出 50%，但是却生长缓慢。这可能是由于高的呼吸速率可以部分地抵消低温对高山植物生理功能造成的不利影响，形成碳积累的平衡，但却导致高山植物缓慢生长。直观的细胞形态学证据显示，青海湖周围的嵩草植物线粒体非常丰富，聚集于叶绿体之间，使得整个线粒体似弯月形或者肾形。可见，低温下高山植物的高呼吸速率是维持高山植物高代谢活力、充足的干物质积累等生理过程的基础，是高山植物对低温环境长期进化的适应结果。

3. 抗冻生理特性

光周期、温度及植物的内在节律调控，使得高山植物具有很强的抗冻能力。例如，挪威云杉和欧洲山松（*Pinus mugo*）可耐受–30℃以下低温，瑞士石松（*Pinus cembra*）甚至可忍耐–42℃的低温。可见，长期的低温恶劣环境进化了高山植物特殊的抗冻机制，主要包括避冻性和耐冻性，这两种特性常常同时出现在同一种植物体中。又如，热带高山大莲座状植物一方面形成腋芽来避免植物体内部细胞免受冰冻伤害，另一方面又通过体外叶片形成胞外结冰的耐冻方式来抵御冰冻损伤。总之，一般而言，高山植物的茎叶具有发达的通气、储气组织和庞大的根系，较强的吸收水分和无机盐的能力，各器官中储藏着丰富的多糖、脂类物质，可以保证低温等恶劣环境下高山植物正常的生命代谢所需的物质和能量。

2.2.3　独特的耐贫瘠能力

冰冻圈土壤中可供植物吸收利用的营养元素含量很低，尤其是氮，对许多有根的高等植物来说是很低效的，因为低温限制了微生物对有机质的分解和矿化速率。冰冻圈植物采取了不同的养分吸收策略，包括在营养储存组织中储藏更多的营养物质；延长植物器官生存时间，对衰老组织中以及存留在植物体上死亡叶片中养分物质再吸收；增强低温下吸收养分的能力；增加植物地下根系的生物量，以增加对养分吸收的面积（可以占到总生物量的 95%以上）；增强与菌根真菌相结合的能力，并发展通过根茎直接吸收养分（如氮）的能力等。此外，冰冻圈植物通过利用不同氮源的方式，既可以减少植物之间的竞争，又有利于增加植物的多样性，如一些北极植物能够直接吸收有机形式的养分以免去漫长的分解和矿化过程；苔藓类和地衣类可以直接利用大气沉降中的养分，有些非根瘤维管束植物也在其体内发展起特有的内生固氮微生物，从大气中直接获取养分。

2.3　冰冻圈特有生物种群

2.3.1　陆地冰冻圈特有类群

1. 特有陆地植物类群

在非常寒冷和干旱的环境里，冰冻圈植物的营养器官不会受损伤，甚至可以在雪被下生长和开花，其具有极强的抗旱和抗寒能力。但冰冻圈植物不仅矮小，而且多呈垫状。为了适应短暂的生长季节，冰冻圈植物的繁殖方式多种，有的采取无性繁殖，有的为"胎生"植物，如珠芽蓼（*Polygonum viviparum*）。下面简要介绍一些特有类群的基本特征。

高山肉质植物：高山肉质植物是指分布在岩石台地、土质较薄且向阳、靠较少水分生存、利用景天酸代谢途径进行代谢的一类植物。例如，环北极地区的长生草属（*Sempervivum*）、青藏高原分布较多的景天属（*Sedum*）以及分布于安第斯山脉的仙人掌科和兰科的各个属。这些高山肉质植物具有较高的水分利用效率，并有效地利用表土层的养分，促进植物营养吸收利用，以适应高山恶劣的缺水和养分贫瘠的环境。

雪生植物：雪生植物主要是指在高山地带不同坡面、不同海拔处，通过形态特征差异来适应积雪厚度和融雪时间差异的植物种群。物候特征的差异适应是雪生植物的主要特点。例如，融雪时间不同的同一雪生植物，如雪毛茛（*Ranunculus adoneus*），其开花时间相差 3～4 周，融雪的早迟对开花物候影响很大，影响的强度（物候推迟长短）取决于融雪时间差异的长短。过早开花虽然可以使植物获得充足的生长和繁殖时间，但是可能遭受低温或者传粉昆虫少，进而增加授粉传播等的风险；过晚开花又缩短植物的生长和繁殖时间，导致种子结实率承受风险。

垫状植物：垫状植物是一类低矮、密致簇生、坐垫状生活型植物的统称，多分布于南北两极和高山林线带以上区域，其具有较强的非生物环境改善和生境可塑的能力，并对维持区域生物多样性和养分循环等具有重要作用，常常被称为生态系统的工程师，是高山生态系统的基础物种。一般将其分为真垫状（true cushions）植物、匍匐型垫状（creeping cushions）植物、致密型垫状（compact cushions）植物、莲座型垫状（rosette cushions）植物和垫状藓类（cushion mosses）植物。它们主要分布于南美洲的安第斯山、北美洲的落基山、亚洲的青藏高原和欧洲的阿尔卑斯山等地的高山环境中。亚洲垫状植物分布中心的青藏高原至少分布有 110 种垫状植物，其中，尤以分布面积最广、种类最多的点地梅属（*Androsace*）和蚤缀属（*Arenaria*）最具代表性。垫状植物的形态结构、器官组织构造和细胞特殊的生化、生理功能使之具有极强的适应高山或者极地严酷环境的能力，被称为冰冻圈环境下的先锋植物。它通过改善局部小环境，来为其他生长型植物迁入、生存和繁衍提供理想的环境，这一现象在冰川退缩后的新冰碛上尤其常见。

2. 野生动物

冰冻圈的野生动物种类较多，下文按照冰冻圈野生动物在北极、南极和青藏高原的地理分布来介绍。在北极陆地上的哺乳动物中，食草动物有北极兔、旅鼠、麝牛、北极驯鹿；食肉动物有北极熊、北极狼、北极狐等。水域中有海豹、海獭、海象、海狗以及角鲸和白鲸，还有茴鱼、北方狗鱼、灰鳟鱼、鲱鱼、胡瓜鱼、长身鳕鱼、白鱼及北极鲑鱼等各种鱼类。北极地区的鸟类有 120 多种，大多数为候鸟，北半球的鸟类有六分之一在北极繁衍后代，至少有 12 种鸟类在北极越冬。在湖泊及水泽中有各类水禽，如长尾凫、赤颈凫、短颈小野鸭、斑背潜鸭、鹊鸭、秋沙鸭、黑凫、雪鹅等；飞禽则有北极雷鸟、雪鸮、刀嘴海雀、渡鸦、海雀、北极燕鸥和黑冠苍鹭等。在北极，由于天寒地冻，环境严酷，昆虫的种类则要少得多，总共也不过几千种，主要有苍蝇、蚊子、螨、蠓、蜘蛛和蜈蚣等。其中，苍蝇和蚊子的数量占昆虫总数的 60%~70%。

相比北极，南极动物种类稀少，缺少陆栖脊椎动物，只有一些生活于海洋但也见于海岸的种类，种类组成贫乏。哺乳动物中以海豹为主，如象海豹、豹形海豹等。鸟类已发现 80 多种，其中 10 余种是在南极洲繁殖的。最著名的为皇企鹅（*Aptenodytes forsteri*）、南极企鹅（*Pygoscelis antarctica*）等，还有黄蹼洋海燕、蓝眼鸬鹚、环头燕鸥等。在螨类和无翅昆虫中有一些极端耐寒的种类出现于海岸的一些避难地中。

在青藏高原，高寒草甸、高寒草原及高寒灌丛中的主要动物类群基本呈混杂状态，绝大部分动物种类在灌丛、草甸及草原地带游荡栖息。在这些动物中，兽类有藏野驴（*Equus kiang*）、棕熊（*Ursus arctos*）、藏羚（*Pantholops hodgsoni*）、原羚（*Procapra picticaudata*）、白唇鹿（*Cerrus albirostris*）、岩羊（*Pseudois nayaur*）、盘羊（*Ovis ammon*）、沙狐（*Vulpes corsac*）等，而栖息于开阔的高寒草甸、高寒草原的啮齿动物种类较多，常见的有高原鼠兔（*Ochotona curzoniae*）、西藏鼠兔（*Ochotona thibetana*）、达乌尔鼠兔（*Ochotona dauurica*）、根田鼠（*Microtus oeconomus*）、旱獭（*Marmota himalayana*）、中华鼢鼠（*Myospalax fontanieri*）、长耳跳鼠（*Euchoreutes naso*）、灰仓鼠（*Cricetulus migratorius*）等。鸟类比较丰富，最常见的有大鵟（*Buteo hemilasius*）、兀鹫（*Gyps fulvus*）、红隼（*Falco tinnunculus*）、雪鸽（*Columba leuconota*）、小沙百灵（*Calandrella rufescens*）、长嘴百灵（*Melanocorypha maxima*）、松鸦（*Garrulus glandarius*）、褐背拟地鸦（*Pseudopodoces humilis*）、寒鸦（*Corvus monedula*）、白斑翅雪雀（*Montifringilla nivalis*）、高山岭雀（*Leucosticte brandti*）、西藏毛腿沙鸡（*Syrrhaptes tibetanus*）等。总之，青藏高原寒区动物种类繁多、特有物种丰富。本节主要介绍雪豹和北极熊这两种典型的冰冻圈动物。

雪豹：雪豹（*Uncia uncia*）是食肉目猫科豹属动物，是生活在最高处的猫科动物。由于其常年在雪线附近的冰天雪地活动，因此可以耐受-40℃，是最耐寒的猫科动物之一，是冰冻圈环境的特有种群。雪豹主要生活在青藏高原及其周边海拔 3000～5000m，包括中国等十多个国家方圆 200 万 km² 的范围内，主要以岩羊、北山羊、盘羊等高海拔山地有蹄类动物为食，是冰冻圈环境里最顶层的捕食者。

青藏高原是雪豹的物种起源地，为了适应青藏高原极端的严酷环境，雪豹进化了厚而密实的皮毛，每平方英寸①皮上有 26000 根毛（人类只有 1300 根），形成一道可以抵抗风寒的"保温墙"；短而宽的鼻腔能将吸入肺部的冷空气变得暖湿；脚上厚而大的肉垫分散了体重，使其能在雪地行走自如；高度发达的血液分配和呼吸调节能力，以及丰富的血红蛋白含量（164g/L），使其在空气稀薄的低氧含量环境下能够适应缺氧环境。

北极熊：北极熊（*Ursus maritimus*）是食肉目熊科熊属的陆地上最大的动物，通常活动于北冰洋附近有浮冰的海域。它们一般在冬季来临前积累大量脂肪，体重可达 800kg 以上，因而能忍耐极冷温。它们不仅可以在陆地奔跑，也可以在海里游泳，对极地的极端天气有很强的适应能力。北极熊也通过各种形态特征的长期进化来适应极端天气。例如，黑色的皮肤有助于吸收热量来保暖；宽大的前脚掌可以用来当"桨"，宽大的后脚掌有利于在冰面或雪地行走；灵敏的嗅觉有助于捕捉到方圆 1km 或冰雪下 1m 的食物。

企鹅：企鹅作为南极的代表生物，虽然属于今鸟亚纲，但特征却是不能飞翔、脚生于身体最下部、趾间有蹼、跖行性（其他鸟类以趾着地）和前肢呈鳍状。从物种进化上看，曾经有人认为企鹅是独立于其他鸟类、单独从爬行类演变进化而来的。企鹅的鳍翅不是鸟类的翅膀变异的结果，而是直接由爬行类的前肢进化形成的。换句话说，现代企鹅的祖先也是没有飞行能力的。在已知的 18 种企鹅中，只有 2～3 种完全生活在南极，但是南极地区现有企鹅数量约 1.2 亿只，在世界企鹅总数和南极海鸟总数中占比都接近90%。南极陆地初级生产力水平极低，所以企鹅通常集中分布在沿岸和岛屿地区，依靠强大的游泳能力捕食海洋生物来生活。已经有大量的研究表明，企鹅的存活率、生长率、生殖率和迁移范围都会随着海冰消退而下降。从企鹅的摄食习性来看，海冰消退可能也会对其生存构成威胁。企鹅在南极每年捕食的磷虾约 3317 万 t，占南极鸟类总消耗量的90%。因此，磷虾生物量和分布范围随海冰的变化同样会影响到企鹅的种群。

2.3.2 海洋冰冻圈特有类群

在南北极地区,海冰的存在为各类与冰相关的生物提供了一个极端和可变的栖息地，与海冰相关的生物包括细菌、微藻、原生动物（单细胞动物）、小型后生动物（多细胞动物）乃至以海冰作为栖息场所的企鹅、海豹、海象和北极熊等大型鸟类和哺乳动物（图2.4）。海冰以及冰间湖所支撑的生物群落在极地海洋生态系统中起着至关重要的作用。高纬度冰川、冰盖、冻土和积雪融化进入海洋，从而影响海洋生态系统。冰藻（生长在

---

① 1 平方英寸=6.451600×10⁻⁴m²。

冰内和冰底的微藻）和冰缘浮游植物水华是冰区主要初级生产者，物质和能量通过冰-水界面的底栖浮游生物以及水体中的浮游生物传递给鱼类，进而为海豹和鱼类等动物提供食物来源。北极熊和鲸等则位于食物链的顶端，它们捕食海豹和鱼类等动物。

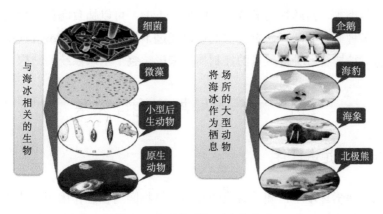

图 2.4　极地海洋主要生物类群

全球的海洋是连通的，所以海洋动物并没有独立进化的可能。与陆地不同，有些海洋生物分布在全球。例如，浮游桡足类拟长腹剑水蚤（*Oithona similis* Claus）在南大洋、北冰洋和赤道海域都有分布，它们在形态上无法区分，只能通过基因序列识别出不同的地理种群。因此，极地海洋生物的特殊性主要体现在对海冰生境和生产过程的适应性上。例如，南极磷虾（Antarctic krill）在形态上与温带种类相似，南极磷虾和温带种类的生态位也基本一样，都是重要的初级消费者和一系列高营养级捕食者（鱼类、鸟类、鲸等）的食物来源。

南极磷虾：南极海域的磷虾有 10 种之多，但是无论国内还是国外，南极磷虾通常都是指南极大磷虾（*Euphausia superba* Dana）（以下简称大磷虾）。在全球范围内，大磷虾也是单种生物量最高的海洋生物。1981～1990 年《南大洋生物资源储量调查》给出的保守估算，其现存量为 6 亿～10 亿 t。至于它如何在极端环境条件下取得如此生态学成功，不同的研究给出了多种可能。尽管有一些机制的普遍适用性尚存疑，但以下几条应该是被广泛认可的。第一，集群生活习性，在一些声学评估中密度可以达到每立方米10000～30000 只。集群生活可以增加交配成功率并且避免种群遭受灭绝性捕食。第二，大磷虾不但可以摄食浮游植物，也可以摄食冰藻，在某些特定情况下甚至可以成为肉食者捕食桡足类浮游动物。有研究显示，冬季大磷虾幼体的食物 88%来自冰藻。第三，极地动物通常有储存脂类越冬的生存策略，大磷虾更是将这种策略发挥到极致，环境不利时它们甚至会消耗身体的结构蛋白维持生存，也就是海洋生物绝无仅有的"负生长"。

鲸：极地海域是鲸的重要栖息地。这里的鲸一部分是极地特有种，另一部分则是季节性迁徙到极地海域来捕食。例如，在须鲸类（baleen whale）中，只有南极小须鲸（*Balaenoptera acutorostrata*）常年栖息在南大洋浮冰边缘，它们能够找到冰间裂隙来作为捕食的场所；蓝鲸（*Balaenoptera musculus*）虽然以南极海域数量最多，但却是世界性分布的，少数还曾在我国黄海和台湾海域出现。因为数量众多，鲸对于极地海洋生态系统的作用也远大于低纬度海域。性格温顺的鲸类，如小须鲸，主要以磷虾为食，也兼食一些头足类、鱼类等，而凶悍的虎鲸类（killer whale）可以捕食海豹、企鹅，甚至是小须鲸和鲨鱼。多种鲸类的共存决定了它们可以通过下行控制（top-down control）作用，即顶级捕食者对被捕食者种群数量的控制作用来影响整个生态系统的结构。

2.4　冰冻圈种群的相互关系

2.4.1　胁迫梯度促进作用

在冰冻圈的恶劣环境下，随着海拔的升高，植物间的相互作用明显转变为相互促进作用，在海拔上限的植物尤为显著，主要体现在改善小气候（保温）、提供微环境（改良土壤、增加水分和养分）、提高相邻植物对恶劣环境适应的缓冲能力、增加对资源有效性的改善，进而促进受益方或者双方的生长。高山植物种类间的这种协作与促进作用，对维系区域植物群落多样性和生态系统稳定性具有非常重要的作用。例如，智利安第斯山的垫状植物 *Azorella monantha* 营造的适宜微环境，有利于入侵种 *Taraxacum officinale* 的光合速率的提高，进而增加了干物质积累，有利于其幼苗早期的成功定居。

植被原生演替的环境压力梯度假说理论认为，植物之间的相互关系会随着外界环境压力梯度的变化而在互助合作与种间竞争之间转化，这一现象在冰冻圈植物群落演替中表现得更为明显。如图 2.5 所示，以贡嘎山海螺沟冰川退缩区经过 120 多年的植被原生演替过程为例（王根绪等，2019a），演替早期阶段的 20 年龄级表层土壤与 40 年龄级表层土壤（0～20cm）相比，40 年龄级表层土壤有机质和养分含量（尤其是 N）是 20 年级表层土壤的 1.5～2.0 倍。原生演替早期在 20 年龄级土壤上主要生长着川滇柳（*Salix rehderiana*），

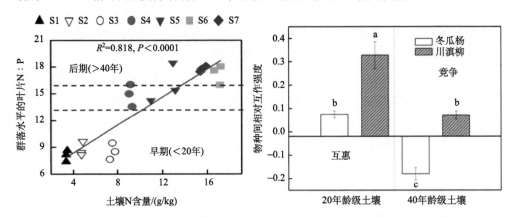

图 2.5　冰川末端植被演替中养分胁迫梯度促进与竞争关系演化

S1、S2、S3、S4、S5、S6、S7 代表不同演替阶段

在 40 年龄级土壤上主要生长着冬瓜杨（*Populus purdomii*），川滇柳与冬瓜杨存在一个较长的共存阶段，这段时间里它们之间的相互作用关系随土壤养分状况的改善，由最初的互助合作演变为种间竞争。而随着演替的进行，演替后期的树种冬瓜杨取代了川滇柳成为群落中的优势物种，土壤发育有可能更有利于冬瓜杨的生长。植物之间的竞争关系会随着资源梯度的增加而发生明显变化。当外界环境相对温和时，植物会增强养分吸收利用能力，并抑制邻近植物对养分的吸收，从而产生明显的竞争作用。

冰冻圈种群的这种胁迫梯度存在更加多样的形成机制，典型的如伴随冻土退化、土壤温度升高，土壤有机质分解加快、液态水含量急剧变化，从而使养分供给和水分供给条件发生改变。由此，随着气候变暖，冰冻圈植物由最初的协作促进关系逐渐过渡为中性甚至竞争关系。随着气候变暖，在敏感的冰冻圈环境下，生境、水热等恶劣环境条件好转，土壤营养状况等非生物环境也将发生相应的改变，这必将打破此生态系统内植物种类经过数百万年进化形成的相互关系，这一改变又可能进一步导致高山生物带内生物多样性格局及稳定性发生改变，进而引起高山生态系统结构组成及其功能发生转变。

2.4.2　竞争压力释放

火灾和放牧是植物种群所面临的主要的强烈干扰手段，通过对群落结构、组成、资源和环境条件的改变，释放原有竞争压力，使种群间形成新的相互关系。火灾或放牧也是影响冰冻圈环境下的石楠灌丛荒原、高寒草地和极地冻原等植被群落组成结构发生变化的重要驱动因子。

1. 火灾

火灾是冰冻圈生态系统植被的重要影响因子，因为火灾可以改变种群的繁殖策略和形成过程，引发种群间竞争关系的改变，对群落结构、物种组成、生物多样性和演替进程等具有重要影响。例如，欧石楠灌丛（heathland）就依赖于火干扰而存在。一方面，适当的火灾通过适度加热打破种子休眠，以及通过灰分输入增加土壤肥力，从而增加欧石楠的幼苗出苗率和存活率，增加早期更新的成功率；另一方面，火灾会杀死和破坏群落内植物，但也为新植株的进入和更新提供了新的生态位。位于多年冻土区的北方森林，不仅林分年龄是影响火灾后植被恢复的因素之一，而且火烧强度也是影响森林演替方向的主要因素（图 2.6），从而形成不同的种群间竞争关系。

对于冰冻圈生态系统，火灾对种间竞争关系的影响还来源于火灾后生境的改变，包括冻土活动层加深、土壤水分格局改变、地表物理化学性质改变、积雪环境变化等。火灾后生境的改变，使得某些物种生长的生境缺失，恢复更新受阻，从而导致群落向不同的方向演替，形成与火灾前完全不同的群落组成和结构。以北方针叶林在火灾后恢复为例，当土壤水分增加或形成淹水环境时，群落演替初期将对水生植被有利，增加水生植被在植被群落中的比例；而在莎草科占据绝对优势的群落中，且在土壤淹水的环境下，白桦、山杨等乔木层先锋树种的更新可能受到阻碍，最终可能使火灾后的北方针叶林朝着沼泽湿地方向演替。

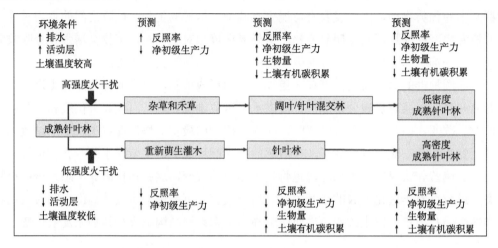

图 2.6　火烧强度对北方针叶林火灾后演替路径的影响（Goetz et al., 2007）

2. 放牧

因气候寒冷和环境极端，冰冻圈植物多为营养繁殖，草原植物的营养繁殖和生长方式及其在不同放牧强度下的适应性或对策性变化，是其能否忍耐或适应放牧而维持生存的重要因素，放牧对家畜的适应性生长主要表现为匍匐生长或分蘖性增强。随放牧强度增加，高寒矮嵩草每个无性分株的分蘖数、叶片数和分株个体地上生物量均增加，其多重种群的数量调节是由最外层次（叶片层次）的数量变化引起的，进而影响到较内层次上结构单元的大小及数量。对于丛生禾草，放牧干扰使植丛的丛幅缩小，每丛枝条数下降，植丛密度加大。对挪威亚北极苔原研究发现，轻牧草地土壤微生物较重牧具有更强的冷适应性。因此，适度放牧可以提高地上生物量，同时提高物种多样性、丰富度和均匀度。但随着放牧强度的增大，放牧可能改变高寒草甸主要建群种和优势种，使植物群落发生更替，莎草科重要值增大，禾本科重要值减小，某些物种甚至消失，草甸植物群落由禾草矮嵩草时期向矮嵩草时期、小蒿草草毡表层加厚期、小蒿草草毡表层开裂期演替。过度放牧抑制优良牧草的生长和发育，降低种类组成，但如果过度放牧时间较短，则高寒草甸结构仍能恢复。

动物食草行为在很大程度上限制区域生态系统生产力和碳汇，如北极地区大量的驯鹿啃食导致苔原上的地衣和北极低河岸平原上的高大灌木严重退化甚至消失，加拿大黑雁群数量过多导致北极湿地植物群落退化等（CAFF, 2013），从反馈的角度来看，北极地区驯鹿的放牧活动会减少灌丛丰富度和高度，有效阻滞灌木和乔木对北方苔原的大量侵蚀，以维持气候变化下原有苔原植物群落的稳定性。

2.4.3　种群的迁移变化

冰冻圈对全球变化的反应是最迅速、最显著、最具指示性的，对气候系统的影响也是最直接和最敏感的。正是由于"气候变暖冰先知"，冰冻圈则成为气候系统变化的"天然的气候指示计"。生境要素对气候的高度敏感性触发了冰冻圈生态系统整体上是地球表面对气候变化最为敏感的生物部分，冰冻圈生境要素波动变化驱动生物种群的迁移变化具有普遍性和迁移幅度显著等特点。最具代表性的变化是北极冰冻圈区灌丛大幅度扩张以及苔原植被群落的灌丛化演替，特别是苔原地区一些高地生境的灌木种群覆盖显著增加，导致苔原分布区归一化植被指数（NDVI）普遍增加和生物量增大（图 2.7）。

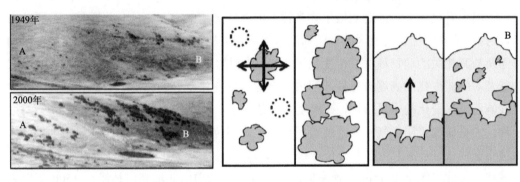

图 2.7　北极大部分地区灌丛向苔原迁移扩张及扩张的主要方式（Myers-Smith et al., 2011）

A，填补原有灌丛间空地；B，灌丛向苔原入侵

高寒山区因其多样的气候梯度、具有应对全球变暖的"缓冲能力"，而成为维持寒冷的避难所。受积雪减少、冰川退缩和多年冻土退化的影响，这里出现了新的物种栖息地，原有植物群落组成和结构也悄然发生改变。近 10 年来，基于大量长期观测数据的研究发现，北欧一些高纬度山地林线以上的高山植被带生物多样性和生物量显著增加，物种丰富度递增速率加快，主要表现为低海拔高生产力物种的向上迁移和原有雪线耐寒植物物种的减少（Gottfried et al., 2012）。对阿尔卑斯山南坡高山植被带最近 5 年的样带观测的结果发现，高山带上限和下限的林线附近带谱的植物物种丰富度分别增加了 10% 和 3%，高山植被带新增加物种大部分来源于林线带，表明近年来高山物种多样性变化和高山下部物种向上迁移速度加快（Erschbamer et al., 2009）。林线带树木生长加强，灌木优势度增加，并伴随树种向上部高山草地带入侵，即高山带灌丛化加剧。

草原灌丛化会打破草原生态系统的稳定，影响生态系统的功能和服务。草原灌丛化趋势不仅在冰冻圈存在，甚至演变为全球性问题，对草原生态系统构成严重威胁。在北美，灌丛每年以 0.2%～0.5% 的速度扩张。青藏高原东南麓，1990～2009 年至少有 39% 的高山草甸已被灌丛草地取代。草原灌木的入侵机制非常复杂，其与植物自身属性、功能和外界环境（降水格局改变、温室气体增加、气温升高、放牧以及火灾等）息息相关。

其中，气候变化是草原灌丛化的重要推动因子。同时，由于木本植物具有更大的根系分布和吸收能力，因此它对气候变化下的水分变动具有更强的适应能力。降水波动可以提高群落中木本植物的竞争和定居能力，使木本植物成功占据优势，引发入侵。此外，灌木是 C_3 植物，CO_2 浓度增加可以通过改变水分利用效率、光合速率以及光合养分的利用率来增强灌木的竞争力，促进灌木入侵。同时，放牧和火灾等干扰过程也为灌木入侵提供便利和机会。冰冻圈的灌丛扩张将会给冰冻圈生态过程带来诸多改变。首先，灌木覆盖度增加使地表反照率降低，这将引起生态系统蒸散量的增加；其次，较高的灌木能有效地阻挡积雪，导致冬季地面温度、微生物活动和养分矿化度增加，从而对灌木生长和入侵形成正反馈。此外，灌丛化后植被组成的改变和地衣的减少也将对食草动物种群产生负面影响，引发动物分布的改变。

气温上升已经显示出对北极生物多样性的多种影响：南方物种向北迁移、苔原分布区以苔藓-地衣为优势的地区被大面积灌木等维管束植物所取代、北方森林带北迁、植物群落及与其相关的动物种群发生变化等。作为典型的生态过渡带，林线因其特殊的结构、功能及对气候变化的高度敏感性，已成为全球气候变化研究的热点之一。林线位置作为林线响应气候变化的重要指标，在温度升高条件下，理论上林线位置将向更高纬度/海拔迁移。大量研究表明，气候变暖使得极地地区林线位置向北迁移；高山林线向上扩张，植被带上移，如云南白马雪山长苞冷杉（*Abies georgei*）样方调查和树木年轮学的研究结果发现，林线以每十年 11m 的速率向高海拔迁移；长白山北坡高山林线在 1500 年以来也表现出不同程度的上侵。虽然高山林线格局与动态、高山林线形成机制、林线树种的生理生态、高山林线对全球变化的响应等受到广泛关注，但是目前的研究仍有诸多不足，对高山林线的形成机制与林线树种对气候变化和极端环境的生理生态适应机制的认识仍不够深入。

在海洋冰冻圈，海冰消退条件下物种向两极的输送作用显著增强。中纬度海域的生物随着气候变暖，其分布范围向两极移动已经得到了很好的证明；随着暖流入侵的增强，也有更多的浮游动物类和个体被输送到北冰洋更深的海盆区。在北极海域，这种北移现象在底栖动物和鱼类中更加明显，如极地鳕鱼和毛鳞鱼等较大幅度地向北迁徙，引发大量海鸟随之向北扩张，如欧绒鸭在格陵兰岛向北迁徙了 300 多千米，而大黑背鸥和剃刀嘴已经扩展到哈得孙湾。它们与海冰的关系并不明显，而主要与温度升高有关。

2.5　冰冻圈种群的数量

全世界有不到 3% 的植物种类（约 8900 种，其中被子植物占 0.7%，裸子植物占 1.6%，苔藓类植物占 10%，地衣类植物占 19%）分布在北极地区。北极地区分布比较广泛的是一些原始的植物种类，如藓类植物、苔类植物、地衣以及藻类植物等。维管束植物不到 30%（约 2300 种），其中约有 1500 种植物属于欧亚地区和北美地区的共有种类（CAFF,

2013；Callaghan et al.，2004）。大约有相同数量的非维管束植物共同分布在北极和其他大陆。相比之下，青藏高原冰冻圈则是全球物种多样性热点区域之一，有大约 13000 种高等植物、1100 种陆栖脊椎动物，此外还有 115 种鱼类、5000 种真菌等。

2.5.1　维管束植物

北半球苔原植被总共有 2300 种左右的维管束植物，分属 66 科 230 属，主要分布在接近树线的区域，或者是连接亚北极地区和北极地区之间的河流地带。从北极南缘的林线向北，维管束植物分布数量递减。从植物分布的区域尺度上看（10 km×10 km 范围内分布的植物种类），维管束植物种类的数量与夏季温度（7 月平均温度）显著相关。例如，在位于加拿大的北极区域内，造成维管束植物种类波动，95%是由于 7 月的气温。与其他植被地带相比，北极地区在很小的空间范围上产生了剧烈的温度梯度变化，如在西伯利亚树线以北地区，7 月平均气温从 12℃下降至 2℃，在空间上仅仅跨越了约 900km 的距离；而在北温带地区，7 月平均气温下降 10℃ 则需要在空间上跨越超过 2000km 的距离。如此剧烈的温度梯度变化是导致维管束植物多样性急剧递减的主要原因，其也将对物种多样性产生强烈的影响。相比之下，青藏高原高寒草地是全球最大的高寒维管束植物种质资源库，有维管束植物 12000 种以上。

维管束植物，作为冰冻圈植被组成中最重要的组成类群，特别是灌木和禾本科植物，对气候变暖产生迅速而积极的响应（Elmendorf et al.，2012）。最明显的变化表现在林线向高海拔和高纬度移动以及向灌木的入侵。在北极，大部分的观测发现，来自较低海拔和较低纬度地区的部分暖适应的维管束植物正在向上和向北迁移（Lenoir et al.，2008），从而使冰冻圈物种数量增加、物种多样性提高。目前的观测结果和模拟增温实验结果均表明，冰冻圈内以灌木和草本植物为主的维管束植物种类呈增长趋势。跟踪北极地区生长季节温度和 NDVI 的年际变化发现，85%的地表 NDVI 在 1985～2011 年呈上升趋势。其中，草类物种的变化最为明显，因为草类具有更敏感的种群动态。但对于低海拔/纬度物种在冰冻圈内的侵入，其带来的物种数量的增加和物种多样性的提高可能只是暂时的。生态学界认为，新竞争对手的入侵可能会严重损害原来占据高海拔/纬度系统的冰冻圈物种的生存和繁殖，并对冰冻圈生物多样性构成威胁。Eskelinen 等（2016）认为，低海拔/低纬度物种的入侵可能使冰冻圈生态系统中维管束植物物种数量减少和物种多样性下降，但该入侵过程受到食草动物和土壤养分缺乏的抑制。食草动物和土壤养分缺乏虽然抑制了冰冻圈原有物种的丰富度增加，但其可以抵抗低海拔/低纬度的物种入侵，促进整体物种的共存。此外，研究还发现大多数维管束植物的生长形态在气候变暖条件下发生改变，冠层高度和最大观测株高均呈增长趋势。

2.5.2　隐花植物

隐花植物是指没有花结构,不产生种子,而仅以孢子繁殖的植物,隐花植物多数不具有维管束结构,其适生于各类生境,能在高温、高寒、干旱及弱光等其他维管束植物难以生存的环境中生长繁衍,是构成冰冻圈的主要地表生物群落之一。大部分隐花植物广泛分布于整个北极地区。冰冻圈生态系统中的隐花植物,以苔原最为典型,群落内苔藓植物十分发达,甚至成为群落的建群种和共建种,其物种数量有时可以超过同一地区维管植物的物种数目(如长白山高山苔原)。隐花植物独特的生理特性及其对环境变化的生物敏感性使其对气候变化产生了敏感的响应。全球变暖、富营养化等导致亚北极(subarctic)地区地衣丰度显著降低,其中适应寒冷环境的物种逐步减少或消失。在加拿大西部北极地区,在 15000 km^2 的范围内发生着普遍而迅速的灌木扩张和地衣减少的现象(Fraser et al., 2014),研究者将这一植物种群变动过程归咎于区域气温的上升。自 1980 年开始,荷兰气温平均每年增加 0.3℃,通过 5 年一次的地衣群落组成的监测发现,荷兰乌得勒支市附生地衣组成中喜温种显著增加(由 95 种增加到 172 种),但适应寒冷环境的物种逐步减少或消失,50 % 的高寒种出现衰退。然而,在植被对气候变暖响应的模拟研究中,没有持续观察到地衣的减少。通过样地尺度的增温模拟实验发现,气温升高引起的以地衣和苔藓为主的隐花植物的减少主要源于灌木的扩张,灌木的遮阴作用和凋落物的累积使地衣和苔藓可能被完全遮盖。此外,CO_2 浓度升高也会显著增加苔藓的生物量。

2.5.3　海洋冰冻圈动物

海洋冰冻圈的海冰内部存在着一个复杂的生物群落,包括细菌、真菌、微藻、原生动物和小型后生动物成体与幼体,共存在超过 1000 种单细胞真核生物。例如,海冰内部和冰底生长的冰藻,其年产量为 5~15 g C/(m^2·a),约占北冰洋年总初级产量的 25%,其不仅是冰区甲壳类如端足类动物的主要食物来源,其也由于高碳成分,为春季南极磷虾提供生长能源。在加拿大北极陆架和海盆区,与冰相关的初级产量可占陆架净总产量的 8%~50% 以及海盆净总产量的 20%~90%。北极直链藻是北极海冰冰底,特别是多年海冰底部最优势的冰藻种类,它们不仅为冰-水界面的生物提供食物来源,而且由于其呈链状群体分布,在海冰快速融化后会迅速沉降至海底,从而为底栖生物群落提供至关重要的食物来源。

冰底甲壳类如端足类以冰藻为食,部分区域密度可高达 100 个/m^2,其为从海冰到水体物质和能量流动的关键物种。冰下水体中生活着桡足类、腹足类、管水母、尾海鞘、毛颚动物、糠虾以及底栖无脊椎动物幼体。这些动物是冰下北极鳕鱼(*Boreogadus saida*)重要的食物来源,它同时也是构成与冰相关食物网的重要连接,并与大型哺乳类如海豹和鲸等相连接。

南极海冰冰藻年产量为 0.3～34 g C/（m²·a），约占南大洋年总初级产量的 20%。而磷虾是南大洋生态系统最为核心的物种，为企鹅、飞鸟和鲸等提供食物来源。南大洋海洋生物资源调查计划（BIOMASS 计划）的估算显示，南大洋磷虾的量为 6 亿～10 亿 t，每年捕捞 1 亿 t 不会影响南大洋生态系统，而这大约相当于目前全球的年捕捞量。南极海冰的存在对于南极磷虾，特别是其幼体极为重要。

思 考 题

1. 简述冰冻圈生境类型。
2. 陆地冰冻圈有哪些特有植物种群？它们与冰冻圈环境有什么关系？
3. 陆地冰冻圈植物种群有哪些相互作用关系？

第3章
冰冻圈生物群落

　　生物群落是指相同时间聚集在同一区域或同一环境内的各种生物种群的集合，包括植物、动物和微生物等各种生物有机体。特定生物群落具有一定的分布范围和边界特征，具有一定的种类组成和结构以及动态特征。生物群落的基本特征包括群落中物种多样性、植物的生长型（如乔木、灌木、草本等）和群落结构、优势种（群落中以其体大、数多或活力强而对群落的特性起决定作用的物种）、相对数量（群落中不同物种的相对比例）和营养结构等。植物群落一般用种类组成、种类的数量特征、外貌和结构等来刻画其基本特征，其动态主要包括群落的形成、发育和变化、演替及演化。目前较为常用的群落分类系统是依据群落的外貌、物种成分、优势种和生境来划分的，但是这种分类系统很难兼顾植物和动物的分类，因此常见的做法是将植物群落和动物群落分开来研究。生物群落分为陆地群落和水生群落两大类。

　　由气候制约的全球生物群落最大和最易识别的划分是生物群域，生物群域按照占优势的顶级植被划分，由此世界上的生物群域主要有①陆地生物群域：热带雨林、热带季雨林和季风林、亚热带常绿林、温带落叶阔叶林、泰加林或北方针叶林、多刺林、亚热带灌丛、热带稀树草原、温带草原、冻原、荒漠、极地-高山荒漠。②水-陆过渡性生物群域：内陆沼泽（包括酸沼和普通沼泽）、沿海沼泽（盐沼，包括热带亚热带的红树林）。③水生生物群域：淡水（湖泊、池塘、河流）、河口与滨海、大洋或深海。研究冰冻圈环境下的生物群落特征及其变化环境下的动态演变是理解冰冻圈环境与生物相互关系，以及冰冻圈变化对生态系统影响机理的重要途径。

3.1　群落与群落特征

　　冰冻圈主要发育在地球的中高纬度和高海拔地区。一方面，极端的环境条件限制了这些区域资源的时空分布范围，进一步影响了生物群落的季节动态和空间分布。例如，北极地区常绿植物的生长始于落叶物种的生长季节，且不同植物种群的根系占据不同的土层，继而影响食植动物的生态位分布。另一方面，极端的环境因子，如低温、低气压、很短的生长季和很浅的土层等，是影响该区域生物生长、发育的主要因子，物种间的种间竞争（生物因子）对群落结构与组成的影响较小。因此，冰冻圈生物群落具有其独特特征，包括陆地冰冻圈生物群落（含冰冻圈淡水水生物群落）和海洋冰冻圈生物群落等。

3.1.1　泛北极地区寒区植被类型与分布

苔原（tundra）或冻原（图 3.1），是指以极地或极地高山灌木、草本植物、苔藓和地衣占优势，以层次简单的植被型组为主构成的陆地生态系统。苔原广泛分布在北半球，多处于极圈内的极地东风带内，占据着欧亚大陆北部及其邻近岛屿的大片地区。西伯利亚北部是最大的苔原区，面积约为 3×10^6 km^2。在南半球，苔原仅分布在南美南端的马尔维纳斯（福克兰）群岛、南佐治亚群岛和南奥克尼群岛等。另外，在世界各地高山带也零星分布有高山苔原，如我国长白山等。苔原下伏连续多年冻土，常年低温，温度在 0℃以下，夏季短促而寒冷。苔原降水量仅在 100mm 左右，蒸发量极小，气候寒冷湿润，土壤水分经常结冰而不可利用，从而使植物形成生理干旱。因此，苔原植物种类贫乏，植物种数为 100～200 种，在较南部地区可达 400～500 种。苔原植被（图 3.2）中以杜鹃花科、杨柳科、莎草科、禾本科、毛茛科、十字花科和菊科等为主，其次就是苔藓和地衣。欧亚大陆的苔原从南向北可分为三种类型：灌木苔原、藓类-地衣苔原、北极苔原，从南到北物种减少、结构更趋简单、生物量减少。据初步估算，苔原生态系统生产力在南部灌木苔原带平均为 2.28t/hm^2，在中部藓类-地衣苔原平均为 1.42t/hm^2，北部的北极苔原仅为 0.12t/hm^2。

图 3.1　冰冻圈苔原景观

(a) 北极柳(*Salix arctica* Pall.)　　　　　　　(b) 挪威虎耳草(*Saxifraga oppositifolia*)

(c) 被称为"雪绒花"的北极棉(*Scheuchzeri eriophorum*)　　(d) 北极驯鹿主要食物来源——石蕊(*C.rangiferi-na*)

图 3.2　冰冻圈苔原植物例举

　　苔原植物多为多年生的常绿植物，不必因为浪费时间和资源在返青和生长新叶上而错过短暂的生长季，但短暂的生长季也使苔原植物生长非常缓慢。多年冻土阻挡着植物根系向土壤深层伸展，而浅根系植物又无法在极地的狂风下立足，这就导致苔原植物非常矮小，常匍匐生长或长成垫状，这样既可以防风又有利于保持土壤温度。由于极地紫外线很强，而极短波可促进色素合成，因此很多苔原植物有华丽的花朵，并可以在开花期忍受寒冷，花和果实甚至可以忍受被冻结而在解冻后继续发育。

　　寒带针叶林带或泰加林带是从北极苔原南界的林带开始，向南 1000 多千米宽的针叶林带，也是地球上最大的森林带，约覆盖陆地表面 11% 的面积。这种森林以松柏类针叶乔木为优势物种，其外貌特殊，极易和其他森林类型区别。在欧洲大陆，以挪威云杉、苏格兰松(*Pinus sylvestris*)和桦树属(*Betula*)为主，在西伯利亚，以西伯利亚云杉(*Picea obovata*)、西伯利亚红松(*Pinus sibirica*)和落叶松属(*Larix*)为主；北美寒带针叶林的树种相对更为丰富，包括 4 个属的针叶树[云杉属(*Picea*)、冷杉属(*Abies*)、松属(*Pinus*)

和落叶松属]和两个属的阔叶树[杨属（*Populus*）和桦木属]。与苔原生态系统类似，大部分寒带针叶林都处于多年冻土之上，冬季寒冷干燥、夏季短促且气温较低。泰加林带植被结构简单，往往是单一树种的纯林，林下一般只有一层灌木层、一层草木层，以及地表的苔藓层。多年冻土的限制加之气候寒冷，有机质分解缓慢，土壤氮素短缺，使得寒带针叶林生态系统的生物生产力较低且提高缓慢，寒带针叶林在中国主要分布于内蒙古大兴安岭北部和新疆阿勒泰地区。

泛北极地区植被的纬向分带在欧亚大陆从南到北依次为泰加林、森林苔原、南部苔原、典型苔原、北极苔原以及极地荒漠；在北美大陆从南到北依次为泰加林、森林苔原、灌丛苔原、草地苔原、石楠苔原以及极地荒漠。从泰加林、森林苔原到南部苔原（灌丛苔原），物种多样性指数分别为 765 种、446 种和 180 种，对应生物量或生产力平均为 115t/hm^2、56t/hm^2 以及不足 3.0t/hm^2。

3.1.2　青藏高原高寒植被类型与分布

从区划角度考虑，青藏高原共划分出 9 个自然地带，即高原亚寒带的果洛那曲高寒灌丛草甸地带、青南高寒草甸草原地带、昆仑高寒荒漠地带和羌塘高寒草原地带；高原温带的川西藏东山地针叶林地带、藏南山地灌丛草原地带、阿里山地荒漠半荒漠地带、柴达木山地荒漠地带和青东祁连山地草原地带。从寒区生态系统角度，本节仅阐述与冰冻圈要素关系十分密切的高寒灌丛（alpine shrub）、高寒草甸（alpine meadow）、高寒草原（alpine steppe）以及高山荒漠（alpine desert）四种植被类型（李文华和周兴民，1998），这些植被类型主要分布于青海省大部与藏北地区（图 3.3）。

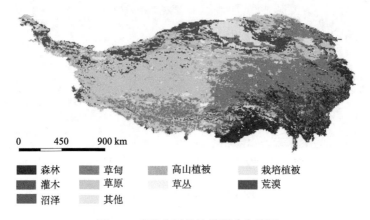

| 0 | 450 | 900 km |

■ 森林	■ 草甸	■ 高山植被	■ 栽培植被
■ 灌木	■ 草原	■ 草丛	■ 荒漠
■ 沼泽	■ 其他		

图 3.3　青藏高原植被类型分布状况

高寒灌丛草甸是指以耐寒的中生高位芽常绿灌木和中生高位芽夏绿灌木为建群种的草地亚类，它是青藏高原垂直带谱中的重要组成部分。其在高山带分布在森林线以上，与高山草甸复合分布。组成灌木层的建群种有高山柳（*Salix cupularis*）、金露梅（*Potentilla fruticosa*）、箭叶锦鸡儿（*Caragana jubata*）、秀丽水柏枝（*Myricaria elegans*）、多种杜鹃等，灌木高度一般在 30～80cm，高山柳可达 170cm，覆盖度达 20%～40%。

高寒草甸以莎草科嵩草属（*Kobresia*）植物为优势种，如小嵩草（*K. pygmaea*）、矮嵩草（*K. humilis*）、线叶嵩草（*K. capillifolia*）、藏嵩草（*K. tibetica*）等均为群落的建群种，大多数群落组成植物具有较强的抗寒性，具有丛生、植株矮小、叶型小、被茸毛和生长期短、营养繁殖等一系列生物特性。植物群落结构简单，层次分化不明显，种类组成较少，可以分为高寒嵩草草甸、高寒苔草草甸以及杂类草草甸三类。以小嵩草、矮嵩草等为建群种的高寒嵩草草甸植物群落广布于青藏高原山地流石滩稀疏植被带以下的大部分地区，以及辽阔的青藏高原东部海拔 3200～5200m 排水良好的滩地、坡麓和山地半阴半阳坡（图 3.4）。

(a) 红景天(*Rhodiola rosea*)　　　　　　　(b) 高山柳(*Salix cupularis*)

(c) 垫状点地梅(*Androsace tapete*)　　　　(d) 矮嵩草(*Kobresia humilis*)

图 3.4　青藏高原植物例举

高寒草原生态系统以寒冷旱生的多年生密丛禾草、根茎苔草以及小半灌木垫状植物为建群种或优势种，而且具有植株稀疏、覆盖度低、草丛低矮、层次结构简单等特点，不仅是亚洲中部高寒环境中典型的自然生态系统之一，而且在世界高寒地区也具有代表性。高寒草原生态系统以紫花针茅（*Stipa purpurea*）草原和青藏苔草（*Carex moorcroftii*）荒漠化草原两种高寒草原为典型代表。其主要分布在海拔 4000m 以上山地宽谷、高原湖盆的外缘、古冰积台地、洪积-冲积扇、河流高阶地、剥蚀高原面和干旱山地。紫花针茅草原是高寒草原的典型代表，其群落结构简单，种类组成比较贫乏，覆盖度为 20%～60%。

高寒荒漠主要分布于青藏高原的西北部，海拔 4600～5500m 的高原湖盆、宽谷与山地下部的石质坡地，其气候十分寒冷干旱，有大面积多年冻土层发育，以垫状驼绒藜（*Ceratoides compacta*）为建群种，群落结构简单，伴生种很少，植物生长稀疏，覆盖度仅有 10%左右。

从整体上看，青藏高原的地势格局与大气环流特点决定了高原内部温度、水分条件地域组合有着明显的水平变化，呈现出从东南暖热湿润向西北寒冷干旱递变的趋势，因而植被分布就存在森林、草甸、草原、荒漠的带状更迭的水平地带性，和我国大陆自东南到西北从森林—草原—荒漠的经向地带性变化规律十分相似。同时，青藏高原上高寒植被垂直带明显，植被分布大致由东南向西北，随着地势逐渐升高，依次分布着山地森林（常绿阔叶林、寒温性针叶林）带→高寒灌丛、高寒草甸带→高寒草原带（海拔较低的谷地为温性草原）→高寒荒漠带（海拔较低的干旱宽谷和谷坡为温性山地荒漠）。因此，青藏高原上高寒植被空间分布规律是其水平地带性与垂直带性相结合的结果，是具有水平地带格局的植被垂直带谱，也称为高原植被地带性。

3.1.3　寒区动物

冰冻圈环境特殊，动物种类极为稀少，其生产力不到热带雨林的十分之一。但动物的个体数量可在短时间迅速增长，属于生态适应对策中的 r 对策者。极地的夏季是漫长的极昼，充足的食物吸引了许多动物，特别是以水禽为主的各种鸟类都到苔原来繁殖后代，因此在冰冻圈生态系统，夏季的动物密度非常高，呈现一派欣欣向荣的景象，而一旦到了寒冷的冬季，动物大多迁离到南方越冬或者进行冬眠。

北极动物种类较多，在陆地上的哺乳动物中，食草动物有北极兔（*Lepus arcticus*）、北极驯鹿（*Rangifer tarandus*）等；食肉动物有北极熊、北极狼（*Canis lupus arctos*）、北极狐（*Alopex lagopus*）等。水域中有港海豹（*Phoca vitulina*）、海獭（*Enhydra lutris*）、海象（*Odobenus rosmarus*）、海狗（Arctocephalinae）以及角鲸（narwhal）和白鲸（*Delphinapterus leucas*），还有茴鱼[*Thymallus arcticus*（Pallas）]、北美狗鱼（*Esox masquinongy*）、鲱鱼（*Clupea pallasi*）等多种鱼类。北极地区的鸟类有 120 多种，大多数为候鸟，北半球的鸟类有 1/6 在北极繁衍后代，有至少 12 种鸟类在北极越冬，如针尾鸭（*Anas acuta* Linnaeus）、赤颈凫（*Anas penelope*）、雪鸮（*Bubo scandiacus*）（图 3.5）、北极燕鸥（*Sterna paradisaea*）等。在北极，由于环境严酷，昆虫的种类则要少得多，总

共只有几千种，主要有苍蝇、蚊子、螨、蠓、蜘蛛和蜈蚣等。其中，苍蝇和蚊子的数量占昆虫总数的 60%～70%。相比北极，南极陆地面积小且基本被冰川覆盖，因此动物种类极其稀少，缺少陆栖脊椎动物，只有一些生活于海洋但也见于海岸的种类，种类组成贫乏。哺乳动物中以海豹为主，如象海豹等。南极已发现鸟类 80 多种，其中 10 余种是在南极繁殖的，最著名的为皇企鹅、南极企鹅以及蓝眼鸬鹚（*Phalacrocorax atriceps*）、环头燕鸥（*Sterna vittata*）等。在螨类和无翅昆虫中有一些极端耐寒的种类出现于海岸的一些避难地中。

| (a) 北极熊 | (b) "北极猫头鹰"雪鸮 | (c) 北极驯鹿 |
| (d) 北极狐 | (e) 北极兔 | (f) 北极大猞猁 |

图 3.5 泛北极区代表性动物例举

在青藏高原，以上述高寒草甸、高寒草原及高寒灌丛为主要生态系统的动物类群基本呈混杂状态，绝大部分动物种类在灌丛、草甸及草原地带游荡栖息。在这些动物中，兽类有野牦牛（*Bos mutus*）、藏野驴、狼（*Canis lupus* Linnaeus）、棕熊、藏羚、岩羊、盘羊、黄羊（*Procapra gutturosa*）等十余种，而栖息于开阔的高寒草甸、高寒草原的啮齿动物种类较多，常见有高原鼠兔、西藏鼠兔、旱獭、中华鼢鼠等数十种。鸟类比较丰富，最常见的有大鵟、兀鹫、红隼、雪鸽等数百种。其中，藏羚羊、藏野驴、野牦牛、白唇鹿以及雪豹等属于国家一级保护动物。总之，青藏高原寒区动物种类繁多、特有物种丰富（图 3.6）。

(a) "高原精灵"藏羚羊	(b) 野牦牛	(c) 藏野驴
(d) 雪豹	(e) 猎隼	(f) 西藏棕熊

图 3.6　青藏高原动物例举

3.1.4　群落生物多样性

生物多样性（biodiversity）指生物群落在组成结构、功能和动态特征方面表现出的差异，是群落的总体参数，由遗传多样性、物种多样性、生态系统多样性和景观多样性四个部分组成。本节所述的群落水平的生物多样性指群落中的物种丰富度。通常认为，单位面积上，生物多样性指数越大，该群落的功能越完善，其对外界的干扰和忍耐力越强，越容易保持自身的平衡。冰冻圈生态系统极低的气温，使得存储于冰川和冻土中的冻结态水分很难被大部分生物利用。因此，冰冻圈生态系统不仅物种多样性普遍较低，而且对环境变化十分敏感且抗干扰能力弱。

北极覆盖了 $1.48×10^7$ km^2 的陆地和 $1.30×10^7$ km^2 的海洋，这使得北极地区虽然单位面积上物种多样性很低，但整体上具有丰富的生物多样性。据不完全统计，北极有超过21000 种动物、植物和真菌的记录，其中包括半数以上的世界滨鸟、80%的全球鹅种群、数百万只驯鹿以及特有哺乳动物如北极熊。陆地和淡水无脊椎动物超过 4800 种，而海洋无脊椎动物更是有 5000 种以上。仅在短暂的夏季，就有 279 种鸟从泛北极圈周边的各个地区远道而来，它们利用极昼的长日照进行快速繁殖。但由于北极地区生态系统的脆弱性，以及北极动物有相当一部分属于迁徙物种，因此需要极地周边国家合作才能更好地保护这些动物，这也是"泛北极"概念提出的基础。据不完全统计，全世界大约有近 8900 种植物分布在北极地区。其中，维管束植物大约有 2218 种，包括北极特有种约 106 种。最为丰富的是藻类植物，陆地和淡水藻类植物超过 1700 种，海洋藻类植物更是超过 2300

种（CAFF，2013）。

青藏高原地域辽阔，高山纵横，生态环境十分复杂，气候条件虽然严苛但比极地要温和许多，整体生物多样性非常丰富，有 13000 种高等植物、1100 种陆栖脊椎动物，约占全国物种数的 45%；此外，还有 115 种鱼类、5000 种真菌，以及大量人类缺乏认识、无法辨别或未命名的藻类、无脊椎动物和微生物。青藏高原有蕨类 800 余种、裸子植物 88 种和被子植物 12000 种以上，均占全国物种数的 40%以上；有哺乳动物 206 种（占全国物种数的 41.3%）、鸟类 678 种（占全国物种数的 57.2%）、爬行类 83 种（占 22%）、两栖类 80 种（占 28.7%）。由此可见，青藏高原物种多样性丰富，在我国物种多样性中具有重要地位。几种典型草地类型的生物多样性依次为高寒草甸>高寒草原>高寒沼泽化草甸≈高寒荒漠。高寒沼泽化草甸一般在一个平坦、地下水位较高的地域出现，是凸起草丘和淹水的洼地连续体，每一个草丘相当于一个岛屿，与周边水体的过渡带相当于一个浅滩，在这种微型的陆地-水体连续体中，植物生活型从湿生-中生-旱生均有分布，但水分连续体使得土壤内部可溶解或可移动营养成分可实现"互通有无"，从而导致其土壤异质性较低，其 1 m² 样方面积内物种丰富度往往与高寒荒漠相差不多（3～10 种），与分布区域微地形复杂多变，以中生、旱生植物为主的高寒草甸和高寒草原相比（>15 种），其物种丰富度要低。

3.2　群落动态

在当今全球变化背景下，可根据演替理论来预测冰冻圈生物群落未来的变化趋势。演替，即某些物种自身生活史特征对生境的适应能力导致它们的出现或消失，由量变累积到质变，是一个群落被另一个群落替代的过程。随演替进程的变化，物种多样性、群落结构乃至生态系统功能发生变化，而群落动态，指的是这些变化的历史、现状以及未来。本节以冰川末端退缩迹地植被演替序列、青藏高原多年冻土区植被群落演替和北方森林带泥炭地演替过程等，来阐述冰冻圈生物群落演替的特点。

3.2.1　冰川末端退缩迹地植被演替序列

按照演替发生的起始条件，可分为原生演替和次生演替。原生演替是指生物在裸地（此前从未有生物定居过的地点）的定居并导致顶级群落对该生境的首次占有。例如，在沙丘、火山岩土、冰川退缩迹地以及大河下游的三角洲上所发生的演替都是原生演替，其特点是基质条件恶劣严酷，演替时间很长，如美国夏威夷火山喷发后的演替可达几千年。本书以位于西南横断山中部的海螺沟冰川末端为例，介绍冰川末端退缩迹地植被群落自然演替进程与序列特征（图 3.7）。

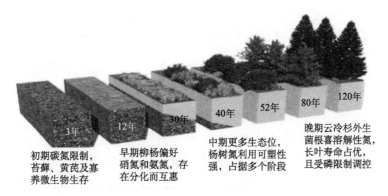

图 3.7 冰川退缩迹地植被群落演替序列

1. 植被原生演替序列

海螺沟冰川是贡嘎山发育的最大的一条冰川,其冰川末端在 20 世纪 90 年代伸入林区 6 km。受到气候变暖的影响,海螺沟冰川开始萎缩,后退至更高海拔。全新世海螺沟冰川虽然有几次冰进,但是总体趋势是退缩,尤其以近 20 年的退缩最为迅速。冰川退缩后在不同海拔形成的裸地依次为落叶阔叶林、常绿与落叶阔叶混交林、针阔混交林和针叶林。但是,在近百年冰川退缩后形成的裸地上开始了典型的植被原生演替序列,主要分为以下四个阶段。

先锋植物侵入阶段:冰川退缩地的黏粒中氮含量很低,pH 高达 9.19,地面温度变幅很大。在裸地形成的第四年,先锋植物开始侵入,主要是豆科的黄芪等草本植物以及柳树、醉鱼草等灌木。最初形成的先锋植物群落的种类和数量较少,各种群呈现群聚分布,生长缓慢。

先锋树木幼树、小树阶段:以黄芪为主的草本植物数量迅速增加,由于黄芪的根瘤有固氮作用,因此土壤中的氮含量和有机质含量迅速上升,pH 下降。在此基础上冬瓜杨等先锋树木生长迅速,逐步形成郁闭的冬瓜杨、柳树小树群落,生境条件有所改善,有利于耐阴植物冷杉和麦吊云杉侵入群落。

针阔混交林群落阶段:云、冷杉的生物量在群落中所占比例逐步上升,先锋树木从群落中逐步退出,群落的净初级生产力提高,组成群落的植物种类变化很大。土壤中氮含量变化不大,有机质含量略有上升,pH 逐步降低。植物群落和生境的变化逐步减缓。

云、冷杉群落阶段:云、冷杉高于林冠层后,冬瓜杨逐步退出群落,最后演替至与气候和土壤条件有着很好适应关系的顶级群落。顶级群落的生物量最高,但是净初级生产力保持在一个较低水平。土壤中氮和有机质变化很小,pH 进一步降低,林内温度变幅较小。

2. 植物-微生物-土壤互作关系对植物演替进程的影响

演替初期细菌群落中以蓝细菌等自养微生物为主，从而有利于有机碳的累积，另外寡营养的 β-变形菌和拟杆菌的相对丰度较高，但随着演替的进行逐渐被酸杆菌、放线菌、α-变形菌和 γ-变形菌取代。真菌群落在演替初期多以子囊菌为主，后期则以担子菌为主。早期阶段，土壤性质是塑造微生物群落结构的主要因素；在演替晚期，生物因素包括植物丰富度和线虫取食，贡献增大最终控制真菌群落的周转。细菌群落构建中更紧凑的拓扑结构表现为趋同进化，从而支持决定论，而真菌群落更松散的聚类则说明它们更多的是由随机性过程决定的趋异进化。土壤胞外酶化学计量也显示微生物演替过程中依次经历碳、氮、磷限制的影响。线虫群落结构可指示冰川退缩区土壤发育和植被演替进程，尤其是晚期线虫丰度下降，一些高 c-p 值的稀有线虫逐渐消失、成熟度及结构指数下降，表明演替晚期已进入退化阶段。

利用生态系统多功能性指数来整合不同演替阶段的养分含量、胞外酶活性、生物多样性与群落生物量，表明存在明显的营养级联效应，并且演替初期主要受养分有效性的上行效应影响，而演替后期，线虫取食与微生物分解的下行效应影响增大。冰川退缩区第一个整合了土壤-植物-微生物-线虫互作关系的全面研究，为深入理解植被原生演替格局、驱动因素以及种间互作关系与生态演替理论提供了有用线索，并为揭示未来气候变化背景下植被群落演替-土壤质量演变耦合变化规律提供了数据支撑，在应用实践中也为退化山地植被恢复、生物多样性保育以及提升生态系统服务功能的管理措施提供了参考。

3.2.2　青藏高原多年冻土区植被群落演替

在气候、冻土环境、人为放牧叠加鼠害等诸因素的协同作用下，青藏高原多年冻土区高寒草地生态系统的退化具有普遍性，存在显著的植被群落结构演替。一般的植被退化演替模式为（图3.8）：高寒沼泽草甸→高寒典型草甸→高寒草原化草甸→黑土滩型草地；高寒典型草甸→低覆盖高寒草甸→高寒草原化草甸→黑土滩型草地等；高寒草原地→低覆盖高寒草原→沙化草原或裸地。冻土退化过程中高寒沼泽草甸的原生演替模式，即随着多年冻土退化，冻土上限下降，土壤表层水分减少，致使高寒沼泽草甸向高寒草甸演替，一些水生或湿生植物消失，代之以中生或旱中生植物；冻土继续退化，土壤继续干燥，旱生植物侵入，植被景观类型向高寒草原化草甸演替；若土壤持续暖干化，冻土消失，植被将显著退化，中生草甸植被将大量消失，耐旱植被将得以发展，在极度干旱生境条件下，植被演替为稀疏草原，甚至沙化。

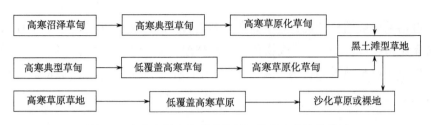

图 3.8 青藏高原高寒草地植被退化的一般演替模式

高寒草甸在随植被退化演替过程中，群落物种组成变化较大，在中度退化阶段，群落中禾本科与莎草科现存生物量显著减少，而杂类草生物量增加；在重度退化阶段，莎草科基本消失，群落生物量的 80% 以上被杂类草占据（图 3.9）。最具代表性的群落结构变化体现在原有建群优势物种，如小嵩草等，随退化程度加剧，其优势度急剧降低，在重度退化阶段，群落中原建群优势物种小嵩草的优势度可能会从未退化的 50%~60% 减少到不足 10%。在群落的物种多样性方面，中度退化情景下物种多样性最大，物种数也达到最多，但原有建群优势物种小嵩草在群落中的优势度随退化程度的加剧而降低。对于高寒草甸，生物多样性指数随退化程度的加剧而减小，不过中度以上退化草地的物种多样性差异不大。对于高寒沼泽草甸而言，植物生物量呈现明显的递减趋势，当严重退化到沙化草地或黑土滩型草地时，地上生物量仅是高寒典型草甸阶段的 1/3 左右，不足高寒沼泽草甸阶段的 1/5。物种多样性和丰富度则表现出在高寒草甸阶段最大、在沙化草地最小的演变规律。到重度退化和极度退化阶段，高寒草甸群落物种数、地上生物量、地下生物量锐减，群落结构和功能发生明显变化。

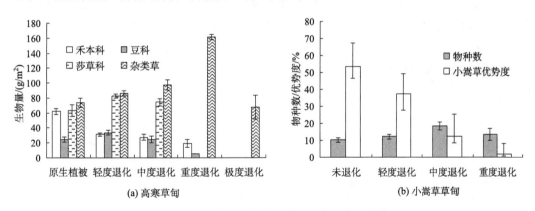

图 3.9 典型高寒草甸植被群落组成的退化演替特征

反过来，严重退化或工程严重扰动后植被的正向自然演替过程，高寒草原和高寒草甸表现出较大差异。对于工程严重扰动的高寒草原植被，随恢复时间的增加，自然演替的植被群落物种多样性指数和丰富度指数、群落地上生物量等生态指标不断增大。在自然恢复 19 年和 32 年后，群落植被覆盖度基本接近甚至高出未退化草原，但杂类草所占的生物量比例分别为 75.58% 和 56.91%，禾本科和豆科植物生物量逐渐增加，但尚未恢复至顶级群落的一般结构特征。对于高寒草甸而言,自然恢复 30 余年后,受损高寒草甸生态系统无论植物群落类型、组成物种还是植被覆盖度,均与未退化草甸群落相差甚远,特别是建群物种以早熟禾为优势,嵩草属很少出现,因此认为高寒草原植被比高寒草甸植被具有更强的自然恢复能力。

3.2.3　北方森林带泥炭地演替过程

泛北极圈植被生产力低下,但低温、缺氧(淹水)条件下有机质分解非常缓慢,导致土壤中有机质的输入与输出是不平衡的,从而促进了泥炭地(peatland)的发育,如北方森林带泥炭地,每平方米储存 50～150kg 泥炭,且每年每平方米积累 10～30g 泥炭。在泥炭地的演替过程中,演替进程通常向减少水分饱和度、增加土壤酸度(如腐殖酸)的方向进行。北方森林带泥炭地最初是生长着泥炭藓、冰藓、苔草和其他水生植物的湿地,但随着泥炭的积累,当泥炭地抬升至多年冻土层之上时,地表水位高于地下水位,形成一个干燥的栖息地。此时可生长一些耐寒的灌木,如油桦(*Betula ovalifolia*)。在其完全发育时,地表变得足够干燥,以允许茂密的树木生长,由分解的表面泥炭滋养,并且泥炭的发育停止。冻土塌陷区的早期植被通常是莎草-镰刀藓型,在后期阶段,可能会出现小丘泥炭藓,而落叶松、白桦和黑云杉可能最后侵入冻土塌陷区中的较干燥部分。

多年冻土退化导致表层土壤水分环境发生改变,最终会引起冻土区群落物种组成的变化和群落演替的发生。例如,在阿拉斯加中部的塔纳纳平原上,富冰的低地多年冻土退化,导致与桦树林大面积死亡及其被草本水生生态系统取代有关的生态系统格局和过程的重组,如图 3.10 所示,这种植被群落的演替变化包括由降水驱动的湿地向

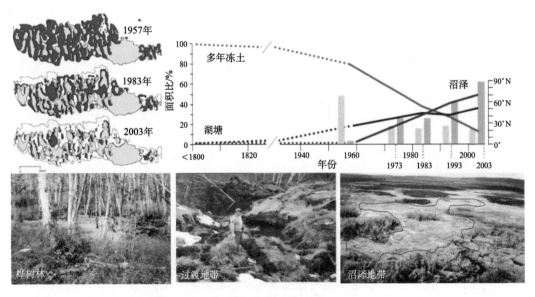

图 3.10　北极地区桦树林向沼泽湿地的演化特征(Jorgenson et al., 2001)

地下水驱动的湿地的演变、饱和土壤条件下有机物质积累的增加,以及从以乔木和灌木为主的森林到以带状水生草本植物为主的沼泽群落的完全演变(Jorgenson et al., 2001)。相同的演替也发生在加拿大北部,自有记录的 1957 年以来,大片林地逐渐演化为湖塘和沼泽湿地,这种演变在 20 世纪 80 年代中期伴随气候急剧变暖,其演替速率迅速加快。这种演变格局主要发生在地势低洼且已发生热融湖塘的区域(冻土富含冰),在地势相对高且具有良好排水条件的区域,冻土退化中热融湖塘分布较少,因此其生态系统的稳定性较好,如黑云杉林在热喀斯特方面相对是稳定的,主要是由于未受干扰的黑云杉下伏多年冻土层的相对稳定性较高且含冰量较少。火灾也是一种影响高地和低地的大范围扰动,但火灾本身并不会导致生态系统性质发生如此不可逆转的变化。

3.2.4　极地苔原区植被演替过程

最新和最可靠的 NDVI 数据集显示,1982~2012 年,大约 1/3 的泛北极地区显著变绿,其他 57%变化不显著(Xu et al., 2013),这种显著变绿的直接原因是灌丛大面积向苔原地带扩张。同时,在北极苔原和落叶松林交错带,基于遥感数据反演发现仅在 1980~2000 年,落叶松林冠层的密度就增加了 65%,落叶松以每年 3~10m 的速率向苔原地带扩张,这种影响是气候变化和地形特征共同作用的结果。

随着冻土退化,冻胀土丘或地形较高部位率先形成干燥环境,泥炭地抬升、冻土塌陷、多年冻土退化导致地下水位下降,原来被水淹的土壤开始露出水面与大气和日光直接接触,从而为陆生植物的定居与繁衍创造了条件,水生植物逐渐被中生和旱生植物所替代。原有的湿生植物,如苔草、嵩草属植物就被旱生的禾本科植物或湿生的灌丛所取代,最终演替为以超旱生垫状小半灌木为优势种的高寒荒漠,或以耐旱耐寒的松柏乔木为建群种的泰加林。大部分苔原区域在冻土退化中,首先从邻近的落叶灌木侵入,从而开始植物演替序列。

伴随气候变暖、冻土退化和生长季延长,生态系统的级联和反馈导致了落叶灌木的增加及禾本科植物和隐花植物(苔藓和地衣)的减少(图 3.11)。随着冻土退化,落叶灌木逐渐侵入苔原地带,灌木对气候变化响应越强,其生长高度和叶面积指数(LAI)就越大,而增加的灌木高度和冠层密度就能捕捉更多的积雪并减少升华损失,从而增加积雪深度和持续时间,并改变积雪的物理性质和化学成分。增加的植被覆盖和积雪覆盖较大幅度地改变了地表能量平衡和地表潜热与感热通量分配。能量平衡变化改变了土壤的湿热状况,对土壤氮有效性产生积极或消极影响(不同季节的影响不同)(图 3.11)。同时,灌木高度和叶面积指数的增加可通过遮阴效应对禾本科植物和隐花植物产生负面影响。此外,外生菌根(ECM)或类菌根(拟欧石楠类菌根,ERM)随灌木增加而扩张,这样可能会降低对其他物种的营养有效性,从而进一步限制其他草本植物生长。低氮、高木质素木本凋落物（与灌木优势度增加相关的木本品种的叶和茎凋落物）比例的增加也会降低氮的有效性。随着冬季积雪深度的增加，积雪下伏土壤温度增加，从而提高了土壤微生物活性，这有可能增加融化期间植物有效氮供给，进一步促进灌木生长（Bonfils et al., 2012; CAFF, 2013）。

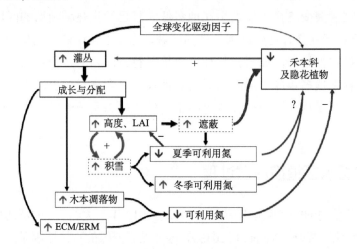

图3.11   苔原植被向灌丛演替的基本过程（CAFF, 2013）

+表示正效应；−表示负效应；？表示效果不明确；↓表示负效应；↑表示正效应

3.2.5   冰川退缩的物种多样性演化

全球气候变暖增加了高纬度和高海拔地区冰川融化的速度和程度，大多数冰川自150～250年前的小冰河期结束后就一直在退缩，特别是近30年来，冰川退缩速度不断加快，对作用区域的生态环境和社会发展等产生了日益增强的影响，预示着全球生物多样性格局和功能的变化，使这些生态系统处于极度危险之中。冰川末端恶劣的栖息地环境，特别是低温和低有效养分一般形成较低的物种多样性水平。然而，在冰川退缩过程中，由于冰川融水挟带大量陆地沉积物、淡水并对相邻水域产生了如湿度、温度和盐度等关键的非生物条件的附加影响，因此无论是山地冰川还是海洋性冰川，其退缩过程对区域生物多样性都产生较大影响（Jacobsen et al., 2012）。

Cauvy-Fraunié和Dangles（2019）通过对全球234项已发表的相关研究报道进行Meta分析后发现，这些研究成果包括了2100多项涉及海洋、淡水和陆地组合的生物多样性调查，涵盖了全球不同区域17个冰川研究区。其分析结果（图3.12）表明，随着冰川的退缩，物种丰富度和物种多样性均显著增加。其中，在海洋性冰川退缩影响的海湾地区，物种丧失比例最高，占物种变化的6%～11%。物种显著增加的类群体占总调查群落数的19%～26%、占峡湾和淡水中群落的45%、占山地冰川末端前区物种类群数的25%。冰川退缩后消失或丰富度减少的大多数物种是适应冰川特殊栖息地环境的特有物种，其中一些局限于受冰川影响的孤立生态系统。同时，这项 Meta 分析结果还表明，无论是峡湾区、淡水区还是冰川前端，冰川退缩速度越快，物种丰富度增加幅度越大。

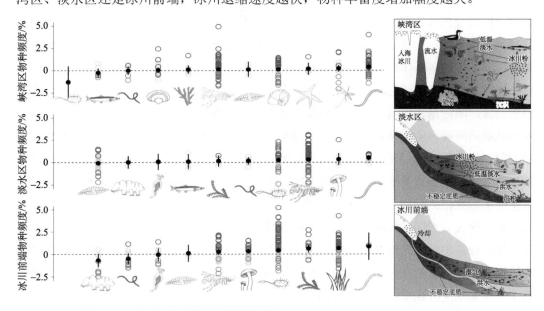

图 3.12　冰川退缩对物种多样性的影响（Cauvy-Frauni é and Dangles, 2019）

图中从左到右物种代表分别为①峡湾区：细菌、脊椎动物、线虫、软体动物、苔藓动物、节肢动物、硅藻、有孔虫、棘皮动物、刺胞动物、环节动物；②淡水区：硅藻、水熊虫、轮虫、脊索动物、苔藓植物、线虫、细菌、节肢动物、真菌、环节动物；③冰川前端：水熊虫、线虫、轮虫、硅藻、节肢动物、真菌、细菌、苔藓植物、维管束植物和环节动物等

　　总之，气候变化将导致海洋、淡水和陆地冰川区域生物多样性、群落结构等方面发生广泛变化。群落间对冰川变化的敏感度存在差异，这取决于群落内部物种特征（如迁移能力和摄食习性等），也与不同冰川生境本身的特征和适应性物种的差异有关。中国典型的海洋性冰川，如云南明永冰川和四川境内的海螺沟冰川的优势动物类群差异较大：在明永冰川末端，寡角摇蚊亚科占 32%、直突摇蚊亚科占 26%、带襀科占 42%，但在海螺沟冰川末端，这三类分别占到 77%、16%和 7%，表明不同冰川区微生境差异形成独特的优势建群种类，从而形成了不同冰川区域生物多样性和物种群落结构响应气候变化的差异。未来随着气候变化持续，冰川持续消失，冰川供养系统的生物多样性无疑将发生更大变化。

3.3　冰冻圈生物群落与环境的互馈关系

3.3.1　冻土环境与生物群落的相互作用关系

1. 植被对冻土环境的作用

　　在全球和区域尺度上，冻土的形成与分布主要受气候因素，如气温、降水的地带性变化控制，表现为随海拔和经度与纬度方向的三维变化而变化；而在局域尺度上，除了地形条件以外，植被因子的作用也十分显著。植被对冻土形成与分布的影响具有普遍性，其机理表现在植被覆盖对地表热动态和能量平衡的影响、植被冠层对降水与积雪的再分配以及植被覆盖对表层土壤有机质与土壤组成结构方面的作用。土壤有机质与结构变化将导致土壤热传导性质的改变，从而影响活动层土壤水热动态，由此形成了不同植被群落对冻土环境的多重作用。

　　植被冠层对太阳辐射具有较大的反射和遮挡作用，可显著减小到达冠层下地表的净辐射通量，阻滞地表温度的变化，对冻土水热过程产生直接影响。例如，对大兴安岭落叶松林观测发现，夏季植被冠层下部的净辐射通量仅为植被冠层上部的 60%，40% 左右的太阳辐射被植被冠层反射和吸收；在青藏高原高寒草甸植被区，覆盖度 30% 的草地的潜热通量和地表热通量平均比覆盖度 93% 的草地分别高出 19% 和 41%。植被对土壤水热状态的影响直接关系冻土的形成与发展，但这种影响还与植被结构、地被物性质以及地表水分状况关系密切，如阿拉斯加土壤排水条件较好的林地内夏季地下 30cm 处的地温要比排水较差的林地高出 7~9℃。在青藏高原，排水条件较好的高寒草甸区，植被覆盖度降低将导致土壤融化地温升高和水分增加而冻结地温降低和水分减小，排水不畅的高寒沼泽草甸则刚好相反。这种差异的形成原因在于两方面：一是排水条件差的地方苔藓和地衣等地被物发育较好，可以减缓夏季太阳辐射对地表的加热作用，促进土壤表层有机物的积累和泥炭层的发育，有机物和泥炭层可以减缓夏季太阳辐射对地表的加热，冬季则由于冻结后导热系数的增大，地面热量大大散失。当冬季的放热大于夏季的吸热时，则有利于多年冻土的形成、保存或者加积。二是苔藓、地衣、地被草层等贴地植被以及泥炭层等的持水能力较强，排水不畅导致地表土层含水量较大，因水的比热容是矿质土的 4~5 倍，在其他条件完全相同时，饱水的苔藓地衣能使地面保持更低的温度和更浅的融深。最重要的是，冬季水分冻结，冰的导热系数是水的 4 倍，其结果造成地面放热量增大。

　　图 3.13（a）描述了青藏高原典型高寒草甸 4 种不同植被覆盖度对土壤冻融过程的影响（Wang et al., 2012）。随着植被覆盖度的降低，冻结过程和融化过程变得迅速，多年冻土活动层的融化和冻结开始时间显著提前。冻结期负等温线和未冻结期正等温线的最大侵入深度和持续时间随着覆盖度的降低而增加。同时，伴随植被覆盖度降低，地温变化幅度增大，冻土活动层相同深度的地温显著增加，对气温响应更加强烈（王根绪和张寅生，2017）。图 3.13（b）用阿拉斯加典型北方森林带样地观测数据说明有机质层厚度对土壤温度和活动层厚度的影响（Yi et al., 2009）：厚度为 30cm 左右的有机质层，可以使活动层厚度维持在 15cm 左右，如果有机质层厚度减少一半，活动层厚度可增加约 30cm；如果有机质层全部消失（火灾强度干扰），活动层厚度剧增至 90cm 左右。在青藏高原多年冻土区高寒草地，表层土壤有机质含量变化同样对土壤冻融过程具有显著影响，高有机质含量土壤可显著减缓下伏土壤温度升高幅度、延迟融化时间（Wang et al., 2014）。由于在多年冻土区，高植被覆盖度与表层土壤高有机质含量（或大有机质层厚度）是协同

存在的,因此,在青藏高原多年冻土区,坡底高植被覆盖度(如较高覆盖度高寒草甸或高寒沼泽湿地)导致坡面土壤温度分布格局对于地形因子的"倒置"现象,即相同时期内,坡底土壤温度低于坡麓甚至坡顶,或至少与坡顶土壤的冻融过程相接近(王根绪和张寅生,2017)。同时,随植被覆盖度降低,土壤水分对温度响应时间提前,水分冻结地温减小,融化地温增加,土壤水分和有效水量变率增大。因此,在青藏高原多年冻土区,高寒草甸和沼泽草甸植被对于多年冻土具有显著的保护作用,维持高覆盖高寒草甸植被对于冻土环境减缓气候变化的影响意义重大。在寒区对一些地区的监测表明,气温增加引起的植被覆盖度和凋落物量的增加,使活动层厚度不仅没有增加反而减小。

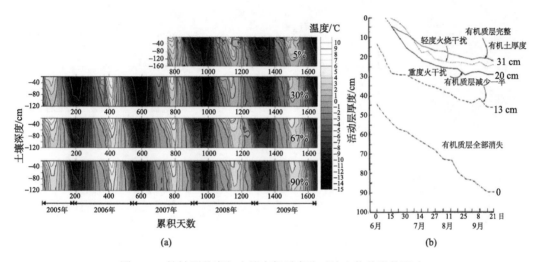

图 3.13　植被覆盖度与土壤有机质变化对冻土热传递的影响

(a) 不同植被覆盖度(自上而下依次为 5%、30%、67%和 90%)下活动层温度变化等值线图;　(b) 土壤有机质厚度变化对活动层厚度的影响

2. 冻土环境对植被群落组成与分布格局的影响

多年冻土的巨大水热效应,对植物种类、植被群落组成与结构及其分布格局等具有较大影响。北极北部苔原带不仅分布有不规则多边形的平坦石质表面的多边形苔原,也分布有大量土质和泥炭质多边形苔原,这些不规则多边形苔原的形成被认为与其下伏的冻土性质有关[图 3.14(a)]。多年冻土中因长期冻融交替以及水热交换,形成大量冰楔体赋存于多年冻土中,不同气候条件和地貌条件形成规模的冰楔体。不同大小的冰楔体在融化中将向地表传输不同水量并吸收不同热量,由此在不规则多边形地表土壤结构下形成了不规则多边形苔原结构。一般在冰楔体发育较好、规模较大的冰楔体地区,多边形内部低洼地带常常形成沼泽湿地,甚至湖泊水域。从多边形内部低洼地带到周边相对高地,土壤水分和热量条件发生变化,因而形成不同植被群落结构。

青藏高原多年冻土较为发育的唐古拉山、风火山以及祁连山疏勒河上游地区,区域应为高寒草原分布区（降水量小于 400mm），实际分布有大量局域性高寒草甸和高寒沼泽湿地，它们与冻土环境关系密切。在这些区域进行的大量样地调查结果表明[图 3.14（b）和图 3.14（c）]，植被覆盖度和现存生物量均随冻土上限的增加而线性递减。但活动层厚度为 2.5~3.0m 及以上时，植被覆盖度不再随活动层厚度的增加而降低，二者之间不再存在统计意义上的依赖关系。由此认为高寒草地植被覆盖度对冻土退化的响应方式存在阈值，以 2.0~3.0m 为界，超过这一阈值，植被生产力变化趋势与幅度取决于降水条件，与冻土环境条件关系不明显（王根绪等，2019b）。

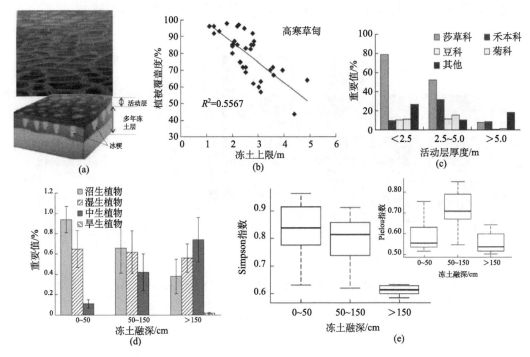

图 3.14　北极地区典型的多边形苔原格局与冻土环境的关系（a）、青藏高原多年冻土区典型高寒草甸植被群落与冻土环境的关系[（b）和（c）]以及大兴安岭多年冻土区植被群落与冻土环境的关系[（d）和（e）]

北半球高纬度冻土区分布着全球 50%的湿地面积，这与冻土对湿地水文的调控作用密不可分，冻土与湿地生态系统形成了强烈的共生关系。冻土的存在维持着湿地生态系统的稳定，同时，湿地生态系统又对冻土发育和稳定具有重要作用。在多年冻土发育的泰加林带，不同冻土环境营造了森林带广泛存在的寒区森林湿地生态类型以及不同森林生物量分布格局。在我国大兴安岭多年冻土带上的寒温带针叶林区（泰加林）分布着大量的冻土湿地，它们一般分布于平坦河谷和浑圆山体坡面下段等地带，包括森林沼泽湿地、灌丛沼泽湿地、苔草沼泽湿地以及泥炭藓沼泽湿地等众多类型。在多年冻土发育较好（含冰量较大、活动层较薄）的森林区，树木生长十分缓慢，俗称小老树。

大兴安岭多年冻土区的样地调查结果表明[图 3.14（d）和图 3.14（e）]，该区域植被群落以地面芽植物种数较多，其占总植物种数的 60%，是大兴安岭冻土区植物的主要生活型。其次是高位芽植物，占总植物种数的 22.4%。随着冻土融深的增加，地面芽植物种数显著增大（$P<0.01$），高位芽植物种数显著减小（$P<0.01$）。地上芽植物和地下芽植物的种数随冻土融深的变化不显著。从生活型植物的重要值角度来看，大兴安岭冻土区植被群落占主要地位的是高位芽植物，如笃斯越桔（*Vaccinium uliginosum*）、柴桦（*Betula fruticosa*）等，所占比例在 40%以上，其次是地面芽植物，所占比例为 30%～40%。随着冻土融深增加，地面芽植物的重要值显著降低，地下芽植物的重要值显著增大；高位芽植物和地上芽植物的重要值变化不显著（王根绪等，2019b）。

3.3.2 积雪与植被互馈关系

积雪的生态效应首先体现在积雪对空气温湿度和土壤水热状况的改变，其次是积雪本身挟带的养分与土壤水热变化对土壤养分的改变，进而改变植被的生长和群落特征。一方面，植被通过改变空气动力场对风吹雪的拦截作用和对垂直降雪的截留来改变积雪的空间分布格局与累积过程，加上植被覆盖影响辐射和湍流输送，从而影响积雪的分布、厚度和持续时间、升华与消融过程，且这些影响与植被高度、盖度、分布格局以及植物种类密切相关。另一方面，积雪通过改变植物所处的地上环境（空气温度、湿度、生长季长度）和地下环境（土壤温度、湿度、冻土和养分状态），来改变或影响植物的生长。

积雪对植物生长的影响取决于积雪厚度大小和覆盖时间。一定厚度的积雪有利于植物的返青和生长，但积雪过厚会推迟返青时间。积雪厚度的增加和覆盖时间的延长，会推迟植物生长季开始的时间、缩短生长季。积雪的保温作用可避免极端低温，增加植物的过冬存活率；促进碳氮养分的积累，使得生长季可用养分增加。再结合土壤含水量的增加，积雪厚度的增加可提高总初级生产力、净生态系统生产力，改变地上和根系生物量，改变物种组成和群落结构。但是，积雪对植物的影响也存在明显的物种、种群、群落、研究区域以及时间不同而带来不同的影响差异，较大和较小的积雪覆盖也都可能产生消极影响。此外，病原体等其他因素也可改变积雪对植被的影响，减弱植物总光合作用、降低生物量和净生态系统碳交换。

总体而言，积雪的生态效应可归纳为以下几方面，即①冻害屏蔽与生境维持：积雪为大部分寒区生态系统提供了越冬的生境维持条件；多样的温度和辐射梯度形成新的生境，从而有利于种群稳定或形成新的物种。②淡水水源与食物链：积雪形成一个独特的生态亚系统，淡水水库效应及其蕴含的食物链结构提供了该亚系统存在与繁衍的基本生境条件（Jones et al.，2001）。③积雪改变生态系统养分循环过程：积雪厚度增加所产生的土壤水热正效应，可促进冬季土壤-大气间的气体交换，增强土壤微生物活性，提高凋落物磷的释放速率，并有助于植物的养分吸收。④积雪影响植物群落的广泛性：积雪对植物群落的物种多样性、群落结构与组成、植物物候与生产力等多方面有广泛影响。从植物个体而言，积雪时间和厚度影响物候，对植物返青、开花、结果以及总的初级生产力等均有较大影响。暖冬形成的积雪早融事件对植被产生较大的负面作用，是近年来北极植被退化的主要驱动因素之一。⑤积雪生态亚系统的动物种群与冬季阈值：积雪生态亚系统的结构和功能状况与"冬季阈值"密切相关，也称为积雪的关键厚度。一般认为，只有积雪厚度超过特定阈值时，才能建立相对稳定的亚表层生态系统（Jones et al., 2001）。一旦积雪亚表层生境建立起来，就形成了多样的动物种群。总体而言，积雪亚空间中的动物以无脊椎动物为主，也分布一定数量的脊椎动物。气候变化影响积雪深度和积雪时间，其对于这类动物的生存与繁衍必然产生较大影响。

1. 积雪和植物群落组成与结构的关系

积雪长期以来被认为是影响高山和极地地区植被十分重要的可变因素，其一直是生态学家关注的热点。极地和高山植物大部分生长在风积生境或者雪被生境中，由于长期对环境的适应进化，在一个最佳积雪厚度范围内，这类植物的丰富度最高，如垫状指甲草最适合分布于稳定、干燥、风积和石质生境中，其平均最大雪深低于25cm。而湿地苔草只出现于平均最大雪深度超过400cm的深雪区，其是随着积雪厚度梯度分布最明显的一个种，是被用于标志研究区域主要植物群丛的特征种。

在北半球高山带和北极地区，积雪厚度、积雪融化时间等不仅决定了植被类型及其群落组成，而且也对植物的生态特性，如冠层高度、叶面积指数以及生物量等起着关键作用[图3.15（a）]。不同厚度积雪环境和积雪覆盖时间等因素下，可适应的植被类群存在较大差异，如垫状指甲草和虎尾蒿草仅分布于浅积雪或积雪时间较短的环境中，而湿地苔草以及匍匐山莓草出现在深积雪区；即使适应积雪厚度较宽泛的物种，也存在显著

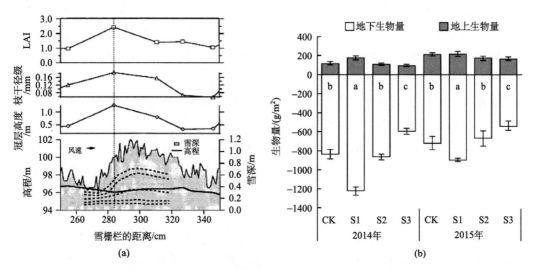

图 3.15　积雪与植被群落特征（a）和生物量（b）的关系

CK 表示对照样地；S1，S2，S3 表示不同阶段；a, b, c 表示差异性显著

的群落多度和结构上的差异，如 *Acomastylis rossii* 虽然在不同积雪厚度环境下均可见分布，但不同积雪厚度下其多度和覆盖度差异显著。积雪区环境梯度的急剧变化也会引起雪堆植物群落丰富度稍高于其他无雪地区。总之，极地雪堆植被类型比高山无雪地区植被类型在各个层次都更丰富，但是沿着环境梯度的分布格局及其机制还不甚清楚，可能与极地更多的表面扰动，如河流、冻融循环、风吹积雪改变所引起的融湖周期和大范围的再沉积现象有关。

在植物个体水平上，积雪的覆盖为植物免于冻害、脱水、风和风吹颗粒的物理伤害提供了保护作用。它限制了土壤强而深的冻结，抑制了由冻结活动和风化引起的土壤不稳定。但是，积雪对植物免受冬季极端气候伤害的保护是以短而延迟的生长季为代价的。相反，无雪的地方暴露于凛冽的寒风，从而导致高的蒸散量。一般而言，把影响地上植物环境和地下根系环境的因素分开考虑有利于更好地研究环境因素对植物生长的贡献率。影响地上植物的因素主要包括光照、温度和湿度，而影响根际环境的主要因素包括土壤温度、土壤稳定性、土壤湿度、养分和透气性等。所有这些立地因素又都强烈地受积雪的影响，而积雪又通过影响微气候或者局部的水文条件反作用于生境。冻原和高山植物自身的微环境与样地区域的气象条件有很大差别。植物地上和地下微环境之间的反差在雪的边缘区特别大，能够对许多植物产生胁迫作用。较高的表面温度促进了光合作用，同时植物根系还处于冰点附近，从而限制了养分和水分的吸收。

2. 积雪与植物物候和生产力的关系

积雪融化时间提前和积雪覆盖减少，使大部分所观测的植物生长季延长、植物花期提前；因积雪变化产生的土壤有效水分的改变和温度升高的双重影响，干旱胁迫加剧导致植被群落组成和物种多样性发生显著变化；在寒区，植物生长季延长使生产力提高，在初期有效增加了碳吸收能力，使固碳水平增加，但近期观测到的事实表明，随积雪覆盖持续减少，植被生产力萎缩，碳吸收能力也趋于下降。在动物方面，积雪融化时间提前和温度升高，导致大量无脊椎动物的生活周期改变，如冬眠缩短；植物花期提前和花期缩短，导致拈花无脊椎动物物种减少；部分无脊椎动物，如蜘蛛等出现明显的表型变异；脊椎动物也会对积雪变化产生显著响应，如部分动物因食物链发生变化导致其生物周期改变、海岸或河湖岸禽鸟类的筑巢时间改变以及部分物种数量先增加后减少等（Ims and Ehrich, 2012）。

在极地和高山地区植物已经很短暂的生长季节中，延迟的积雪融化强烈地影响着植物的返青、开花、结籽和总初级生产力。雪缘植物的开花并不是很罕见，如阿多尼毛茛，沿着雪场融化的边缘出现，在生长季像波浪一样移动着穿过冻原。在小的洼地中，雪融化较晚，植物推迟返青。在一些高山和极地植物中，植物的生长，甚至开花都可以在融雪之前，起始于雪下土壤表面附近的越冬芽。这些越冬芽在上一个生长季节就预先形成，进而使得这些植物能够迅速出叶和开花。但有些地区较深的冬季雪场对植物生长具有积极的促进作用，如较长的叶片长度和较多的叶片数量与最长生长期的土壤含水量相关，而这是由融水量和时间控制的。开花的数量和降雪堆积的多少之间存在正相关关系，如对落基山的翠雀花的研究发现，在降雪堆积较少的年份，其在融雪期和开花期之间经历了较低的温度，结果花期延迟、花量减少。对于北方大部分植被而言，积雪总体上有利于增加其生物量和生长量，但存在阈值，其在一定深度范围内的作用是显著的，超过这一阈值，可能导致相反的结果，即生产力下降。

3.3.3　小结

　　冰冻圈生物种类繁多，特有种丰富，是许多珍稀动物赖以生存的家园。但与热带、亚热带地区相比，其单位面积上的生物多样性极低，生态系统结构相对简单。因此，冰冻圈生态系统脆弱性高、抗干扰能力弱，对气候变化和人类活动的响应非常敏感。在全球变化下，这些生物群落很可能面临不可逆的演替，最终丧失原有的生态系统服务功能，给人类带来无法估量的损失。冰冻圈生态系统之所以有别于其他生态系统，与冰川、冻土和积雪营造"冰""冻"环境有关。这种生物与环境的相互作用体现在以水的相变（冰-水-水蒸气）为媒介的热通量的变化上，而水、热条件的变化很大程度上（还有成土母质的类型）决定了在此地生长的植物种类、食植动物的种类，继而决定了食植动物的天敌——捕食者的种类，最终一步步决定了生物群落演替的方向。生物一方面适应环境，另一方面为更好地生存与繁衍而改造环境，因此生物群落也在对冰冻圈生态系统做出反馈。例如，植物的覆盖提高了地表反射率，为冻土"保温"；而动物采食植物来降低这种保温作用。由此可见，虽然生物密度低、产量少，但生物仍然是冰冻圈生态系统过程和动态的重要"维护者"。

思　考　题

　　1. 气候变暖对冰冻圈生物种类、习性、分布范围、适应与进化影响的机理是什么？

　　2. 在泛北极地区和青藏高原的群落演替过程中，主导因素同样为地下水位的降低、土壤水分减少，但为什么前者演替为森林而后者却退化为荒漠？

　　3. 多年冻土的冻融过程与温带地区冬春季节相对短暂的土壤冻融过程有何异同？

第4章
陆地冰冻圈生态系统及其功能

4.1 冰冻圈生态系统的物质生产与循环

4.1.1 生态系统结构的基本特征

陆地冰冻圈生态系统的生物组分（植物、动物、微生物），在对冰冻圈生境要素及其变化的长期适应过程中，逐渐形成了生物与环境相互联系、相互作用的稳定体系，并具有适应不同冰冻圈地理环境的生态系统结构。本节重点以青藏高原典型的高寒草甸生态系统为例，来介绍冰冻圈生态系统的结构特征。

1. 生产者-消费者-分解者亚系统

生产者亚系统是整个生态系统结构和功能的核心。冰冻圈生态系统中生产者的种类较少。以高寒草甸生态系统为例，作为生产者的植物种类有 500 余种，但种的饱和度仅为 25～30 种/m²，均以耐寒中生植物为主，其群落结构简单，大部分情况下为单层结构，高度为 5～10cm（李文华和周兴民，1998）。嵩草草甸为青藏高原寒区放牧家畜和野生食草动物摄食的顶级群落，原生嵩草植物群落是以羊茅、紫羊茅、早熟禾等为上层，以嵩草为下层的双层结构的禾草草甸（周兴民等，1987）。在长期放牧和野生动物采食的干扰下，禾本科植物营养体不断萎缩、繁殖能力受到较大胁迫，逐渐消退为次要位置，而短根茎密丛型、耐放牧践踏的嵩草属植物得以扩大其生存空间而逐渐成为建群种。高寒草甸地上和地下生物量具有显著的季节性变化和随气候波动的年际变化规律。一般在每年的 4 月底到 5 月初开始返青，6 月下旬到 7 月下旬生物量增长最快，到 8 月中旬生物量达到峰值。地下生物量与地上生物量的年内节律不同，一般在返青时期达到最大，此后随地上生物量增加而减少，直到 8 月下旬才逐渐得以累积。冰冻圈植物生产力的分配具有相似性，即地下生物量一般大于地上生物量，高寒草甸地下生物量与地上生物量之比一般介于 1.7～4.5（李文华和周兴民，1998），根冠比甚至可达 6.5～9.19。对于典型的小嵩草和矮嵩草草甸，0～10cm 深度内集中了 80.4%～90.4%的地下生物量；但对于藏嵩草沼泽化草甸而言，0～10cm 和 10～20cm 深度分别分布了 45.5%和 26.4%的地下生物量。

消费者是冰冻圈生态系统的重要组成部分，包括放牧家畜、植食性动物、食谷鸟类、肉食性动物、食草性昆虫和腐食性昆虫与鸟类等。以高寒草甸为例，高寒草甸是青藏高原极其重要的草场资源和主要的家畜放牧对象，家畜以藏系绵羊、牦牛为主，高寒草甸局部已造成较为严重的超载过牧，引起草场退化。野生植食性动物包括为藏野驴、藏原羚、藏羚羊、岩羊、白唇鹿和野牦牛等。仅在三江源区，目前这 6 种大型有蹄类食草动物总数为 19.5230 万～21.8464 万头（Cai et al., 2019）。另外，还有种群庞大的植食性小型啮齿动物，主要有高原鼠兔、甘肃鼠兔、根田鼠和高原鼢鼠等。仅高原鼠兔和高原鼢鼠两类，取食的高寒草地总能量在 26%以上（李文华和周兴民，1998）。高寒草甸生态系统中的食谷性鸟类种类较少，但数量也较庞大，主要有角百灵（*Eremophila alpestris*）和小云雀（*Alauda gulgula*）等。

分解者亚系统包括昆虫、土壤动物和微生物等。以微生物为例，不同冰冻圈区域或冻土环境存在不同的微生物群落结构。青藏高原冻土微生物总数高于南极、北极和西伯利亚冻土微生物总数，青藏高原可培养细菌总数低于南极和北极，与西伯利亚的相似。青藏高原冻土活动层土壤细菌有 48 个菌门，占所有细菌群落的 99.97%。其中，变形菌门在土壤细菌群落中占优势地位。其次分别为厚壁菌门（15.0%）、放线菌门（14.3%）、酸杆菌门（12.7%）、拟杆菌门（9.8%）、芽单胞菌门（7.0%）、绿弯菌门（6.9%）、疣微菌门（3.4%）以及浮霉菌门（3.0%）等。尽管冻土中存在着丰富的细菌资源，但可培养的微生物数量很少；同时，虽然冻土中微生物生长具有很强的空间异质性，但不同区域冻土中也不乏共有种类。

在苔原生态系统中，动植物种类稀少，营养结构简单，其中生产者主要是地衣和一些浆果植物，其他生物大都直接或间接地依靠地衣和浆果植物来维持生活。苔原生态系统的消费者主要有驯鹿、麝牛、北极兔、旅鼠、北极狐和狼等，还有一些鸟类。在冰冻圈作用区，尽管其陆地初级生产力很低，但生产者-植物、消费者-食草动物、消费者-食肉动物和分解者的四个营养水平都存在，且在局部具有较高的生物多样性（CAFF, 2013）。

2. 生态系统的能量流动规律

能量流动与循环是维持生态系统结构与功能的基础，而热力学是研究能量传输与转化规律的主要理论和方法。本节仍然以青藏高原高寒典型草甸生态系统为例，来说明冰冻圈生态系统的能量流动的特征。

高寒草甸生态系统中植物群落热值含量随草甸植物类型的不同而有差异，如矮嵩草草甸去灰分热值平均为 20.02kJ/g，垂穗披碱草草甸为 19.54 kJ/g。一般植物的热值在生长盛期最高、返青期最低、枯黄期居中，由此使得植食性动物的热值也具有显著的季节变化。三种主要的啮齿动物（高原鼠兔、根田鼠、中华鼢鼠）的热值于植物返青期最高、生长盛期最低、枯黄期居中。而主要家畜藏系绵羊的热值动态则不同，于植物返青期最低、枯黄期最高、生长盛期居中。

根据青海省海北地区的测算，藏系绵羊和牦牛等家畜每年总摄入能量约占草地地上生产量的 17.71%，小型动物的热值摄入约占 27.61%，约有 53.61% 的草地植物热值未利用或经其他途径消耗（图 4.1）。食肉动物是能量的二级消费者，对食草动物的种群数量起着重要的调节作用，进而调节整个生态系统的能量利用与分配。但这方面的研究十分缺乏，以青海海北地区观测到的数据粗略估算，约占总的动物种群能量的 3.18%。值得说明的是，家畜能量摄入仅仅是在青海海北地区家畜密度较低的情况下测算的结果，伴随家畜数量不断上升，图 4.1 中的数值会不断变化，与野生食草动物的能量争夺会不断增强，草地资源供需矛盾将日益突出。

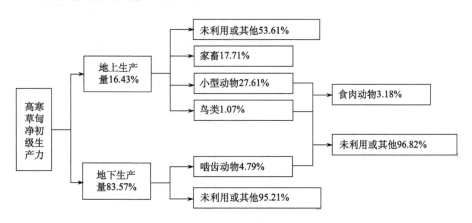

图 4.1　青海典型高寒草甸生态系统能量流动状况（李文华和周兴民，1998）

4.1.2　冰冻圈生态系统生产力

净初级生产力（NPP）代表单位时间内光合作用过程中积累的有机干物质总量，主要受温度、水分、营养状况制约。NPP 作为植物生产力表征的关键指标之一，可直接反映植被在其区域环境条件下的生产能力，反映生态系统质量，其是陆地碳循环的重要组成部分之一，可作为预测生态系统碳源/汇的主要因子。目前，大区域尺度 NPP 测定主要有两种方法：一是根据区域内各种植被类型分布、区系组成确定调查路线，实地测定各种植被类型生产力，然后根据植被类型以点带面外推区域 NPP 总量；二是利用模型估算 NPP，主要有气候生产力模型（Chikugo、Thornthwaite、Miami 模型等）、生理生态过程模型（CENTURY、Biome-BGC、KGBM、TEM 模型等）、生态遥感模型（CASA、C-FIX 模型）等。随着遥感技术的快速发展，以卫星遥感数据为基础的植被 NPP 估测模型成为 NPP 测算的主要发展方向。

中国冰冻圈分布广泛，青藏高原是中国最大的冰冻圈区，区域内植被种类复杂多样，植被类型主要有针叶林、灌丛、草地和耕地，在相对连片分布的多年冻土地区主要分布有高寒草地植被，以高寒草甸和高寒草原为主[图 4.2（a）]。青藏高原高寒草地生态系统 1982～2015 年多年平均地上碳储量为 46.4 Tg C，植被地上与地下总碳储量为 441.1 Tg C，地下碳储量所占比重较大，青藏高原高寒草原和高寒草甸地下与地上生物量的比值分别为 5.86 和 7.07。高寒草地生态系统碳库整体上由东部向西部递减，青海省东南部、川西高原等地受孟加拉湾西南季风的影响，降水充沛，日照充足，土壤肥沃，该地区的草地生物量和碳密度均比同纬度其他地区要高，最大值可以达到 160 g C/m^2；西藏西北地区为单位面积地上生物量最小的区域，碳密度在 30 g C/m^2 以下[图 4.2（b）]。

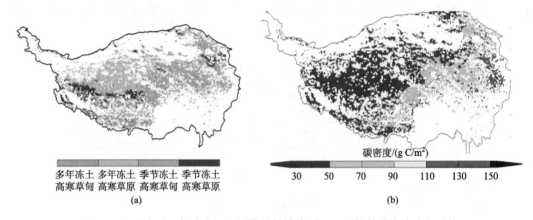

碳密度/(g C/m^2)

| 多年冻土 高寒草甸 | 多年冻土 高寒草原 | 季节冻土 高寒草甸 | 季节冻土 高寒草原 |

30　50　70　90　110　130　150

(a)　　　　　　　　　　　　(b)

图 4.2　青藏高原多年冻土区主要草地植被类型以及平均的碳密度空间分布

如果仅将西藏和青海两省区的森林生态系统纳入青藏高原冰冻圈范畴来分析森林生态系统生产力现状分布格局，则西藏全区森林面积为 1471.56 万 hm^2，森林蓄积量为 226207.05 万 m^3（2011 年）；青海省有林地面积为 34.71 万 hm^2，森林蓄积量为 3676.95 万 m^3。森林生态系统碳储量为 2292 Tg，其中植被层碳储量为 871.29 Tg，土壤层碳储量为 1420.71 Tg，分别占全区碳储量的 38.01%和 61.99%，表明土壤层碳储量占全区森林生态系统碳储量的大多数（2011 年）。

东北多年冻土区位于欧亚大陆多年冻土区的南缘地带，为中国第二大冻土分布区（46°30'N～53°30' N，115°52'E～135°09' E），面积为 3.91×10^{4}km^2，仅次于青藏高原多年冻土区。植被 NDVI 值＞0.6 的区域占全区的 40.5%，主要分布在大兴安岭以及小兴安岭南部，针叶林、阔叶林以及针阔混交林是该区域主要的植被类型。研究区中西、中东部分地区，植被 NDVI 值介于 0.4～0.6，其面积占整个研究区的 49.2%，主要的植被类型为耕地、草甸、沼泽湿地。研究区西南部为温带草原集中区，该区域植被 NDVI 值在 0.4 以下，占整个多年冻土区的 10.3%（图 4.3）。东北多年冻土区全区植被生长季 NDVI 与地表温度呈现显著正相关，短期来看，多年冻土退化可以促进植被生长，增加植被覆盖，但是长期来看，多年冻土退化甚至消失会阻碍植被生长。

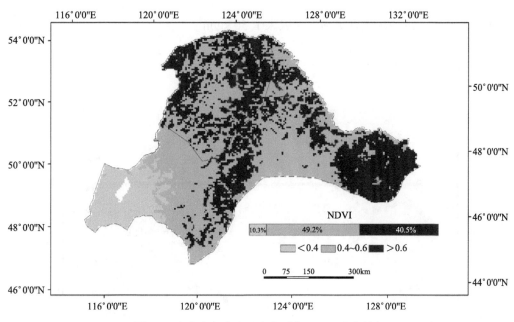

图 4.3　东北多年冻土区生态系统 NDVI 分布特征

4.1.3　冰冻圈生态系统碳储量及其分布格局

寒区生物地球化学循环是冰冻圈作用区物质循环的重要组成部分,不同于其他区域,寒区生物地球化学循环与冰冻圈要素的作用密切相关,冻融过程及其伴随的水分相变和温度场变化所产生的水热交换对生物地球化学循环产生巨大的驱动作用,并赋予了其特殊的循环规律以及对环境变化的高度敏感性。其中,在对碳通量、碳排放影响以及全球变化研究中最为关注的是寒区所积累的大量碳库及其相关的碳、氮循环。

1. 陆地冰冻圈碳储量

北极（包括亚北极）陆地的总面积为 $20×10^8$ hm^2（泰加林与冻原面积之和）,占全球陆地总面积 $149×10^8$ hm^2 的 13.4%。该区域总生物量为 $80.0×10^9$～$113.8×10^9$t C,占全球陆地总生物量的 12.1%～16.5%。从面积角度,北极地区的生物量几乎与全球平均水平相同,但北极陆地植被的净生产力占全球陆地总生产力的 6.1%～10.1%,低于全球平均水平。其中,泰加林带生物量为 80～108 Pg C,净生产力为 2.5～4.3 Pg C/a;苔原带很低,其生物量为 3.4～5.8 Pg C,净生产力为 0.5～0.6 Pg C/a。北极地区是一个巨大的陆地生态系统碳库,其巨大的土壤碳库的变化是衡量北极陆地生态系统对全球变化贡献的重要方面之一。但长期以来,由于冻土碳库的测算难度较大,不同研究者对这个碳库的估算结果差异较大。按照最新的估算结果,北半球多年冻土分布区 0～100 cm 深度土壤有机碳（SOC）含量分布如图 4.4 所示,大部分苔原和泰加林带土壤有机碳密度为 10～

50 kg/m², 在冻土湿地区域则更高，一般大于 50 kg/m²。

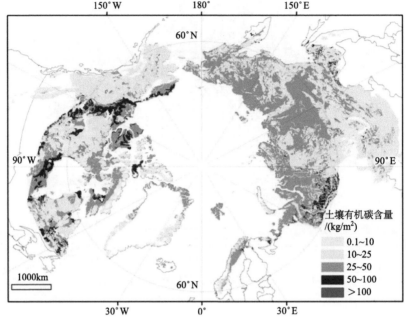

图 4.4 北极多年冻土区土壤有机碳含量分布（1m）

　　基于现阶段最新的方法评估的结果（表 4.1），北半球多年冻土区，0～100 cm 深度土壤有机碳库为 496 Pg C（在 1991 年之前测算值平均为 355 Pg C），0～300 cm 深度土壤有机碳库增加到 1024 Pg C。其中，连续多年冻土区分布有土壤有机碳库 298.5 Pg C，占多年冻土区总量的 60.2%，不连续多年冻土区为 67.3 Pg C，零星多年冻土区为 62.9 Pg C，岛状多年冻土区为 67.1 Pg C，后三种冻土区分布数量几乎相同。在地域分布上，欧亚大陆冻土区土壤有机碳库为 331.1 Pg C，占 66.8%，北美地区，包括格陵兰在内，分布有土壤有机碳库 164.7 Pg C，仅占 33.2%（Tarnocai et al., 2009）。如果全球土壤总碳量为 1100～1500 Pg C，那么北极和亚北极 0～100 cm 深度土壤碳量为全球土壤总碳量的 33.1%～45.1%，这足以说明北极地区对全球土壤碳库的重要贡献。另外，在西伯利亚深层（3m 以下）黄土沉积层中固存大约 407 Pg C，在 7 条大型北极河流三角洲冲积扇 3m 以下地层中也堆积了大约 241 Pg C（Schuur et al., 2015）。以此推算，整个北半球多年冻土区的土壤有机碳库大致为 1672 Pg C，该值相当于全球地下碳库的 50%（Tarnocai et al., 2009）。但这里要强调的是，多年冻土区土壤碳库存在较大的不确定性：基于较小区域高精度土壤有机碳含量测定结果的尺度推移方法的可靠性、一些实际数据采集的地理位置精度不高、土壤有机碳的高度空间变异性，这些因素使得高精度评估大区域土壤碳库存在困难，因而产生了评价结果的不确定性。对于北美地区，1m 深度范围的土壤碳库评价是基于 3530 个土样所获得的，其结果具有较高的可信度，相对而言，欧亚大陆评价结果的可信度较低，仅有 33%～66%；同时，深层土壤（1～3m）碳库的可信度更低（低于 33%），而苔原富冰黄土和泥炭沉积地深层土壤有机碳的高度空间变异性导致总的碳库评估结果具有更高的不确定性。因此，对已有评价结果进行不断修改和更新是必要的。

表 4.1　北极多年冻土土壤碳库

土壤碳库/PgC				文献
0～100cm	0～300cm	>300cm	总量	
496	1024	407	1672	Tarnocai 等（2009）
		241*		
—	750	400	1400～1850	Schuur 等（2015）
		250*		McGuire 等（2009）
472	1035	181	1307	Hugelius 等（2014）
		91*		

*表示三角洲沉积层。

2. 海洋冰冻圈碳储量

由于 CO_2 的温室效应，北极海冰的变化与北极碳汇之间不可避免地存在一些直接或间接的联系。因此，近年来北极海洋的碳汇过程及其能力成为研究的热点之一。北冰洋碳的来源主要有三部分：①由海-气 CO_2 分压差产生的海-气 CO_2 碳通量；②生物通过光合作用从大气中吸收的 CO_2；③入海河流输送来的有机碳及无机碳。海洋对大气 CO_2 的吸收主要通过物理和生物作用，即我们通常所说的"物理泵或溶解泵"和"生物泵"。首先，与南大洋相同，北冰洋在冰缘带也有最高的生物生产力。但不同于南大洋的是，北冰洋有广阔的大陆架分布，其占了白令海峡与弗拉姆（Fram）海峡之间北冰洋面积的三分之一还要多。最近一些调查研究表明，楚科奇海（属陆架海区）浮游植物总颗粒碳生产速率最高，为2570 mg C/($m^2 \cdot d$)，Makarov 海盆和南森海盆的值分别为73mg C/($m^2 \cdot d$)和 521 mg C/($m^2 \cdot d$)。据此推算，北冰洋中部总初级生产力可达 15 g C/($m^2 \cdot a$)，这个值是历史估计值的 10 倍以上（Gosselin et al., 1997）。其次，与上述生物泵不同，"物理泵"是通过 CO_2 本身的热力、动力学性质溶解到海水中，以及通过全球大洋热盐环流传送带转移到深层大洋所实现的。对新近调查的实测海-气 CO_2 吸收通量结果评估后认为，北冰洋每年的净海-气 CO_2 吸收量应该为 0.066 Gt C/a。如果考虑到北冰洋中心海盆区，那么每年的交换速率还要再增加 0.005 Gt C/a。最后，尽管北冰洋水量只是世界大洋的 1%，但其径流输入量却占到全球大洋的 10%，八条欧亚地区的河流历史测量数据表明，河流中溶解无机碳（DIC）的平均浓度为 0.77 mmol/kg；结合北美径流的贡献，所有输入北冰洋的河流每年向北冰洋输入的溶解无机碳至少为 0.039 Gt C。

4.1.4 多年冻土区的碳、氮循环与变化

1. 多年冻土区碳、氮循环

碳在陆地生态系统中的循环、流动主要是通过下列 6 个方面来实现的，即植物光合生产（光合作用、生物量）、植物呼吸消耗、凋落物生成及凋落物分解、土壤有机质积累和土壤呼吸释放。在多年冻土区，碳循环不同于其他非冻土区的显著之处就是多年冻土对碳的冻结封存与融化释放。

封存于冻土中的碳是长时间内因低温不能分解而固存下来逐渐累积起来的，一旦冻土融化，这些冻土碳就会进入生态系统中，可以以好氧环境为主也可以以厌氧环境为主（图 4.5），这主要取决于活动层土壤水分状况（如冻土退化导致湿地或泥炭地萎缩而干旱化，也可能形成热融湖塘而成为湖泊）。土壤的含氧环境是决定冻土融化向大气释放碳的形式和速率的关键因素。在好氧土壤环境下，土壤碳排放主要以 CO_2 的形式，在厌氧环境下则以 CH_4 和 CO_2 两种形式，但总体排放速率要低于好氧环境。在北极多年冻土区，频繁的自然火灾是影响冻土区碳循环的重要驱动因素之一。一般地，火灾通常导致碳排放以 CO_2 形式为主，兼具 CH_4 形式。上述碳释放，在区域尺度上通过生物生产力（光合作用和净植物生长）的增加来弥补或抵消。有些情况下，植物通过凋落物和根系返回土壤的碳，经活动层冻融过程或其他方式进入多年冻土中。以北极地区为例，其生态系统凋落物的生成量包括泰加林和冻原植被两部分，冻原植被的凋落物生成量可以认为与净

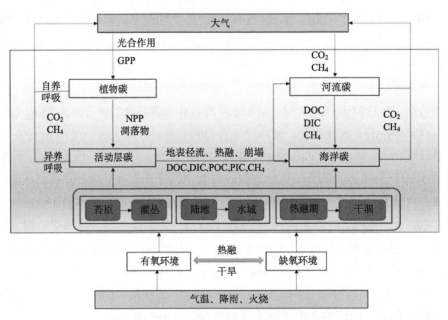

图 4.5　冻土生态系统退化与碳循环关系

DOC，溶解有机碳；DIC，溶解无机碳；POC，颗粒有机碳；PIC，颗粒无机碳；GPP，总初级生产力；NPP，净初级生产力

生产力相同，大致为 $0.5×10^9$ t/a，泰加林的凋落物生成量由全球各地的 29 个观测结果算术平均求得，大致为 2.06 t/（$hm^2 \cdot a$），该值乘以总面积（近似为 $12×10^8 hm^2$）得到 $2.47×10^9$ t/a。这就是在北极、亚北极植被的净生产力中，以凋落物的形式进入土壤圈的碳量。

在多年冻土地区，大量土壤氮库存在于低温下封存的有机质中，除了少量氮被大气沉降带入土壤外，大部分和有机碳一起构成土壤有机质的一部分。随着冻土融化，有机质分解在释放有机碳的同时也释放有机氮。北极和青藏高原多年冻土区广泛分布的地衣和苔藓植物中因含有丰富的蓝藻细菌而具有重要的固氮作用，在北极一些流域中，这些蓝藻细菌每年的固氮量可达 $0.8\sim1.31$ kg N/（$hm^2 \cdot a$），占据流域总氮输入量的 85%～90%。在多年冻土区，积雪-植被-土壤氮过程具有十分密切的正反馈作用。以广泛关注的北极灌丛扩张为例，灌丛可有效捕获和阻拦大量积雪，形成岛状雪堆，使得下面的土壤具有较好的隔热层，结果使活动层土壤温度升高到可以显著增强微生物活性的温度，反过来提高了冬春季土壤氮矿化速率，这进一步促进灌丛植被的生长和入侵。灌丛因大部分冠层高于雪被而比低矮植物具有更加有利的光合作用条件，从而促进灌丛生长。不断增长的灌丛植物冠层，有利于捕获和阻拦更多积雪，进一步加强冬春季土壤氮矿化过程，从而不断加速灌丛植被的扩张，如此反馈循环。这一正反馈过程还与木本灌丛具有较高的碳氮生化计量比值有关，当具有较高的碳氮比的木本灌丛取代较低的碳氮比的禾草植物时，将显著提高单位可利用氮的生物生产量。

2. 冻土退化对碳、氮、磷循环的影响

多年冻土区的碳和氮库对温度和水分变化十分敏感，温度升高促使冻土融化并导致长期冻结的有机碳的微生物分解，这是全球陆地生态系统对气候变化最显著的反馈作用。随温度升高的冻土融化将驱动冻土生态系统发生两个互依互馈的过程：一是冻土有机碳的微生物分解产生或渐进或急剧的变化，二是植物生长季节、生长速率、生物量以及群落物种组成等的显著变化。这两个方面的变化对于冻土生态系统的碳源/汇过程具有正负不同反馈作用，其平衡态决定了冻土融化导致区域是净碳汇还是碳源（图 4.6）。

冻土碳组分的状态和通量存在显著的时空变异性和复杂性，气候、地貌、水文、植被动态以及冻土自身的物理特性等诸多因素相互作用，共同影响冻土碳的储存与释放。因此，关于冻土融化释放的碳量及其释放速率，因缺乏对较大区域的相对可靠的实际观测，大多采用模型估算，因而不同研究者的结果间存在较大差别，估算 21 世纪末北极碳释放量为 40～100 Pg C。有研究者选择面积为 $12.1×10^6$ km^2 的北极多年冻土典型地带，包括 57%的苔原和 39%的泰加林，其中连续多年冻土面积占 76%，不连续多年冻土面积占 24%，采用改进和多因素协同的过程模型进行模拟，结果表明，该区域自 1970 年以来，至 2006 年的 36 年间，平均活动层厚度增加了 6.8 cm，所估算的分解的冻土有机碳量为 11.6 Pg C，其间向大气中排放的 CO_2 为 4.0 Pg C，因植被增加的净生产力而吸收的碳为 0.3 Pg C，这样 36 年间的净碳排放量为 3.7 Pg C。大量数值模型模拟预估结果表明，

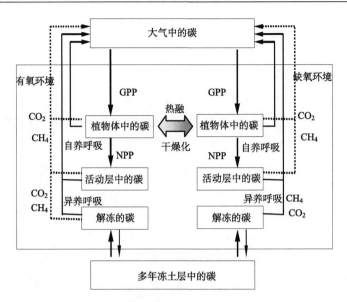

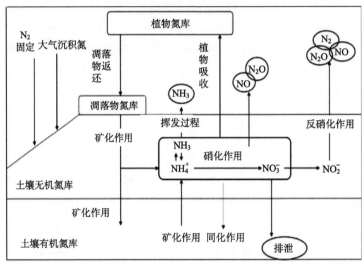

图 4.6 冻土退化与碳氮循环关系

在未来持续增温的背景下,到 21 世纪末北极多年冻土区的碳排放量达到每年 0.5~1.0Pg C 的规模,这与全球陆地土地利用和覆盖变化(大部分在热带地区)引起的碳排放规模相当(估算为 1.5± 0.5 Pg C/a)。考虑到即便是森林向苔原演替,所获得的最大碳吸收量为 4.5 kg C/m^2,且高大植被取代低矮草本将加剧土壤碳排放,因此,未来气温升高驱动冻土融化,将可能导致北极地区由巨大的碳汇区转化为巨大的碳源区。

如前所述,高大灌丛比低矮草本更有利于阻拦积雪并增加局部积雪厚度,积雪厚度增加显著提高了土壤温度,从而增加了冬季和春季土壤呼吸,进一步增加了土壤碳排放速率。积雪厚度、覆盖时间以及积雪的物理和化学性质等通过改变土壤的温度和湿度,对土壤的氮有效性既具有正反馈作用,也具有负反馈作用,但在较为干旱的北极灌丛苔原地带，其正反馈作用居主导地位。正因为如此，在北半球积雪覆盖面积显著减少的区域大背景下，北极多年冻土区植被–积雪–土壤温湿度间的复杂耦合作用关系，成为北极地区自 20 世纪 90 年代以来碳、氮等温室气体净排放增加的主要驱动因素。

3. 多年冻土区磷循环

磷的可利用性可能影响冰冻圈生态系统植被生产力和物质分解，基于已有研究发现，土壤磷的有效性主要受土壤成土母质、有机质含量、pH、铝、铁和钙等溶解态离子含量的影响，其中土壤有机质含量是影响磷循环的重要因子之一。北极苔原和高寒草甸土壤含有大量有机质，通过固持土壤磷，从而减少植物对可利用磷的吸收。目前，关于苔原磷循环的研究主要集中在有机磷，且大多研究位于亚北极地区。苔原因长期雪盖导致较高的湿度、较低的温度，从而有利于包括有机磷在内的土壤有机质累积。与苔原土壤类似，融雪造成的排水不良的高寒土壤中的有机质含量高，磷循环主要由生物磷循环主导。但是高寒土壤通常比亚极地土壤更干燥，有机质的积累相对较少。随着土壤有机质含量的降低，可供植物利用的磷和土壤微生物可能增加，这一过程主要是由地球化学反应过程控制的，而非生物化学反应过程所控制。对美国科罗拉多州落基山脉高寒沼泽草甸研究后发现，在雪融水积累的地区，氮的储存随着积雪的重新分布（redistribution）而分布，缓解了氮缺乏，但是加剧了磷缺乏。随着氮沉降的增加，供氮潜力增加，磷缺乏加剧。

苔原和高寒地区土壤有机磷积累的可能原因是低温和冻土降低了土壤微生物的活性，抑制土壤磷矿化，最终导致土壤有机磷积累，这种现象在冬季尤为明显。然而，多年冻土区土壤磷酸酯酶活性和微生物的代谢在–20℃仍然能检测到，事实上阿尔卑斯冻原微生物群落在冬季异常活跃。土壤微生物在雪盖下仍具有活性，雪融水对微生物的活性及磷循环具有显著影响，导致春季冻土融化时，土壤磷迅速释放。苔原土壤微生物生物量是可利用磷的储备库，春季微生物磷的释放占据全年磷释放很大的比例。

在生长季，苔原和高寒土壤中磷的净矿化率较低，可利用磷较少，亚北极苔原土壤可利用磷酸盐含量在生长季末期增加，导致夏季末期根系和微生物磷酸酯酶活性增强，这可能与生长季末期植物营养积累以供下个春季生长有关。目前，关于冻土区根际土壤磷酸酯酶活性的研究较少，深入研究根系磷酸酯酶活性动态变化及其与植物物候的相互关系，对探明土壤可利用磷及有机磷吸收具有重要意义。基于已有模拟磷添加试验研究发现，与北极阿尔卑斯生态系统研究结果基本一致，较湿润的苔原和高寒生态系统初级生产力表现出磷限制，而其他群落表现为氮限制或氮、磷限制。在阿拉斯加州苔原地区不同站点施肥的实验表明，相同植物群落在不同地点受限制的养分不同，这可能与不同地区成土母质和成土年龄等土壤因子有关。由于冻土区植物生产力和养分循环受可利用磷限制，还可能受气候变化导致的土壤养分分解速率、植物物候和群落组成改变的影响，因此探明磷循环和可利用磷的生物学机制，还需更为深入和更多样点的机理研究。

4.2　冻土区高寒草地生态系统及其功能

高寒草地生态系统是一种分布在高海拔地区的独特的自然生态系统，其分布区域具有海拔高、气温低、太阳辐射强、风力强等特点。在长期进化过程中，植物对高寒环境产生独特的适应性，主要表现在植被低矮，缩短生长期以适应高寒地区较短的夏季；根系发达，根冠比非常高（10∶1到50∶1），以充分获取土壤中的有效养分。这种营养策略使这些高寒植物可以适应高海拔地区极端严苛的环境。高寒草地不仅提供肉、奶、皮、毛等具有直接经济价值的产品，同时兼具保持生物多样性和提供生产力、土壤碳库、养分循环，以及水土保持、防风固沙、涵养水源、调节气候、抚育和传承多民族文化等重要生产、生态和生计功能，在维持区域环境与生态系统平衡中具有重要作用。高寒草地是我国青藏高原面积最大的生态系统，主要类型为高寒草原、高寒草甸、高寒沼泽。

4.2.1　高寒草原

高寒草原分布在海拔4000 m以上、年降水量较低（400 mm以下）的干旱和半干旱地区，是以多年生禾本科植物为优势种的一种草地类型。高寒地带气候寒冷而潮湿，日照强烈，紫外线作用强烈，空气中CO_2含量低，空气稀薄，土壤温度高于空气温度，温度变化剧烈，昼夜温差极大。植物生活型为密丛型。植物多低矮丛生，叶面积小，叶片内卷，气孔下陷，机械组织与保护组织发达，根系较浅，植株形成密丛，基部常为宿存的枯叶鞘所包围，起到保护更新芽越冬的作用，其多为以营养繁殖为主的多年生草本、垫状小半灌木或垫状植物，如针茅属紫花针茅、座花针茅，以及克氏羊茅、假羊茅，还有莎草科硬叶苔草，小半灌木有藏籽蒿、藏南蒿、垫状蒿等，垫状植物有垫状驼绒藜、垫状点地梅、垫状棘豆、垫状蚤缀等，其分布区域有阿尔卑斯山、喜马拉雅山等，我国高寒草原主要分布在青藏高原中部和南部、帕米尔高原及天山、昆仑山和祁连山等亚洲中部高山。其中，高寒草原分布面积最广的要数青藏高原，约占到青藏高原面积的38.9%。

我国高寒草原地带主要分布于青藏高原大部分地区，东起青海的日月山，西抵国境线，南部到念青唐古拉山及冈底斯山，北至昆仑山。在地貌上，我国高寒草原包括长江源区的高原宽谷和羌塘高原的大部分，是一个东北部狭窄西南部宽约1000 km的地带，地带性植被以紫花针茅为主，其广泛分布于海拔4300～5100 m的丘陵、山坡、洪积扇与平缓的剥蚀高原等排水良好的显域生境。海拔4500～6000 m的西藏北部地区覆盖着大面积高寒荒漠草原。该地区的高山草原植被覆盖率不到20%，主要由紫花针茅、多刺绿绒蒿、茵陈蒿和红景天组成。与高寒草甸相比，高寒草原较凉爽，干旱或半干旱，降水少，土壤贫瘠。

4.2.2　高寒草甸

高寒草甸是在寒冷的环境条件下，以莎草科植物为主，发育在高原和高山的一种草地类型。其分布区域年平均温度在 0 ℃以下，年降水量为 400～500 mm，冬季有冰雪覆盖。其也常见于年降水量较少的多年冻土区，是由冻土的季节性冻融调节土壤水分变化而决定的隐域性植被。例如，那曲-玛多高寒草甸处于青藏高原东缘山地向高原面过渡的地带，地带性植被为小嵩草建群的高寒草甸，其次有线叶嵩草、短轴蒿草等。其植被组成主要是冷生多年生草本植物，常常伴生着中生的多年生杂类草。植物种类繁多，莎草科、禾本科以及杂类草都很丰富。高寒草甸群落结构简单，层次不明显，生长密集，植株低矮，有时形成平坦的植毡。以小嵩草、矮嵩草、雪灵芝等植物生长形成的"草毡层"成为辨识高寒草甸的一项标准。因此，高寒草甸土又称"草毡土"，是在高原亚寒带半湿润嵩草草甸植被下形成的土壤。

我国高寒草甸主要分布于青藏高原东部和东南部、阿尔泰山南部、准噶尔盆地以西山地和天山高山带的上部，所在地形为平缓山坡、古冰碛平台。其成土过程表现为强烈的腐殖质积累和冻融，表层有厚 3～10 cm 的草皮，根系交织似毡，软韧而具弹性；腐殖质层厚 9～20 cm，呈浅灰色或黑褐色、粒状结构，向下迅速过渡到母质层。剖面总厚度为 30～40 cm。其表层有机质含量达 6%～14%，胡敏酸与富里酸之比接近 1.0，土壤 pH 6.0～8.0，盐基饱和度一般较高。其黏土矿物以水云母为主，并有高岭石、蛭石伴随，一般只作天然牧场，但应注意合理放牧，特别停止阳坡放牧，防止草场退化。

高寒草甸与高寒草原的区别在于，高寒草原以旱生草本植物占优势，是半湿润和半干旱气候条件下的地带性植被；而高寒草甸属于非地带性植被，可出现在不同植被带内。在湿润气候区，草甸可以伴随针叶林或落叶阔叶林出现，或分布在山间低地；尽管草原带和荒漠带的气候干旱，大气降水不足，但在地表径流汇集的低洼地、地下水位较高之处，以及地下分布有多年冻土的区域仍可形成高寒草甸。

4.2.3　高寒沼泽

高寒沼泽（alpine swamp）是分布于高海拔或高山地区，以中生、湿生莎草科植物为主的一种湿地类型。湿地被誉为"地球之肾"，由此可见高寒沼泽生态系统的重要性。高寒沼泽主要分布在年降水量较高，或由于地形形成的积水洼地，或冻土融化坍塌等土壤常年或季节性淹水的区域，其属于非地带性植被。例如，我国西藏当雄县高寒沼泽以藏北嵩草为优势种，是高海拔地区罕见的优良割草场；四川若尔盖湿地是地球上典型的高寒湿地，以苔草属为优势种。高寒沼泽的分布区域是黄河和长江的重要水源区，起着涵养水源、净化水质的作用。由于高寒沼泽土壤有机质含量非常高，一是大量有机质的隔热作用可对地下多年冻土形成保护，二是高寒沼泽土壤中储存的大量有机碳的活动可能对气候变化产生重要影响，因此高寒沼泽的生态功能尤为突出。

高寒沼泽是沼泽的一种类型，在中国各地都有分布，面积最大的分布在三江平原和若尔盖草原，是潮湿或周期性潮湿的、拥有矿质土的草地。其为沼泽的主体，类型最多，面积最大，其海拔往往比周围低，所以有时又称为"低位沼泽"。又由于这里的植物可以直接从富有营养物质的地下水中获得营养，又称为"富养沼泽"，故草本沼泽的种类丰富、覆盖度大、生产力高。高寒沼泽有时是由草甸沼泽化而成的，有时是水生植被向陆生植被发展的一个演替阶段。同时草本沼泽植物残体分解缓慢，逐渐缓慢地抬高沼泽表面，地下水较难输入沼泽表面，营养条件渐变为寡养，其开始向泥炭藓沼泽发展或演变。

以位于青藏高原东北部的若尔盖湿地为例，这里气候寒冷湿润，年平均气温在 0℃ 左右，多年平均降水量为 500～600mm，蒸发量小于降水量，地表经常处于过湿状态，从而有利于沼泽的发育。该区域谷地宽阔，河曲发育，湖泊众多，排水不畅，造成高寒沼泽分布集中，类型独特，并且有储量丰富的现代泥炭资源，被称为生物多样性"关键地区"。高寒沼泽植物种类繁多，以莎草科、禾本科、菊科、毛茛科为主。藏北嵩草和苔草属植物是主要的高寒沼泽植物。木里苔草、毛果苔草、乌拉苔草、双柱头藨草为优势种。沼泽植物的生活型分为湿生植物、挺水植物、浮叶植物、沉水植物。沼泽植物群落包括 9 种类型。木里苔草、狸藻群落，木里苔草、条叶垂头菊群落，毛果苔草、睡莱群落，毛果苔草、狸藻群落被列为重点保护的自然群落。

4.2.4　高寒草地生态系统功能

1. 生产功能

青藏高原及其他高山地带，因海拔过高、热量不足、年均温度低于或等于 0℃，而难以从事一般作物栽培，其发展以生产植物茎叶等植物营养体为主，而不以生产籽实为主的营养体农业，这是高寒草地可持续发展的理论基础。水热节律与农业生物节律的相互协调，使农业生物系统与生物生存环境系统全面耦合。高寒草地虽然生产力较低，但其牧草适口性好，草质柔软且营养丰富，是很好的天然牧场。其以较低的第一性生产力，维持着丰富的动物物种多样性，为人类通过草地获取具有经济价值的产品提供了有利条件。高寒草地生产潜力为 2971.4 kg/hm^2，现实生产力仅 1632.2 kg/hm^2，占高寒草地生产潜力的 54.9%，所能承载的最大理论载畜量为 1.48×10^8 只绵羊单位，适宜载畜量为 7.93×10^7 只绵羊单位。

高寒草地的生产功能主要表现在为人类提供生活所必需的肉、奶、皮、毛等物质，人类不能直接利用草地上的绝大部分植物资源，需要食草动物将其转化为动物产品而加以利用，放牧牦牛、羊、马、鹿等家畜成为高寒地区居民重要的生活物资和经济收入来源。放牧是一切草原文化衍生的基础，通过放牧这一纽带形成"人-草-畜"互作的草地农业生态系统，并进一步衍生出丰富多彩的草原游牧文化，以藏族、蒙古族等为主的草原民族的生活习惯、政治结构、艺术形式、民族性格等都受其深刻影响。

家畜通过采食牧草、践踏土壤和牧草以及排泄粪便影响草地植物和土壤，从而影响草地的生产力。反之，草地对家畜也可产生一定的影响，这表现在草地的数量和质量、寄生虫的发生以及牧草和土壤中矿物质的含量方面。在草地生产过程中，土-草-畜互作，加速了草地的物质循环和能量流动，打破了天然草地原有的生态平衡，使草地向利于人类发展的方向形成新的稳态。一方面，放牧通过采食，减少植物枯枝落叶的积累，降低火灾风险；家畜粪便为草地土壤提供有机营养来源；家畜践踏草地，可加速分蘖形成，浅埋种子，破坏地表草絮层。另一方面，放牧减小草地土壤种子库规模，抑制营养器官根茎的生长发育；家畜践踏导致土壤的物理性状发生改变，降低了土壤保水能力；过度放牧影响植物的光合作用、营养物质的积累，发生地鼠害，出现草地退化。放牧还可改变草地植物群落结构，草地对家畜采食避牧和耐牧抗性（图 4.7），主要表现为草群中高大草类消失，同时为下繁草类的生长发育创造了有利条件；种子繁殖的草类数量会大大减少或完全消失；适口性好的牧草数量减少或衰退而适口性差的牧草或家畜不吃的牧草数量增加；草群中出现莲座状植物、根出叶植物及匍匐植物，它们不易被家畜采食；最终可能改变牧草的种间竞争和群落环境，引起物种侵入或迁出，导致群落物种的地位发生变化。

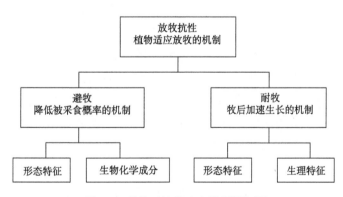

图 4.7　草地对放牧响应类型框架图

基于藏北紫花针茅、高寒草原研究发现，随着放牧强度的增强，植物群落覆盖度、地上生物量均呈现显著降低的趋势；紫花针茅等禾草类植物的重要性值逐渐降低，莎草类中青藏苔草、牲畜不喜食的杂类草及有毒有害植物均有增加的趋势；如果持续过度放牧，植物群落表现出由紫花针茅等禾草为建群种的草地型向青藏苔草、杂类草草地型过渡的趋势；在中度放牧强度下，紫花针茅高寒草原 α 物种多样性达到最高水平，而继续增强放牧强度，则造成各项指标的迅速降低。一般而言，轻度放牧或中度放牧会增加物种的多样性，表明适度放牧使群落资源丰富度和复杂程度增加，维持了草原植物群落的稳定，有利于提高群落的生产力，但过度放牧会使种群生境恶化，致使群落的种类成分多样性降低，结构简单化，生产力下降。当考虑时间尺度时，高强度放牧对土壤肥力有负面影响，短期内，其加速了养分的循环效率，产生有利的影响，但长期无管理的超载放牧必然造成系统物质输入和输出的不平衡，最终导致草原生态系统退化，特别是在相对脆弱的半干旱生态区，如藏北高寒草原。

2. 生态功能

青藏高原高寒草地占全国草地总面积的 40%以上，高寒草地是青藏高原面积分布最大的植被类型，具有保持土壤碳库、生物多样性、养分循环、水土保持、防风固沙、涵养水源、调节气候等重要生态功能，贡献了整个青藏高原生态系统服务价值的 48.3%。高寒草地是我国陆地生态系统的重要碳库，由于气温低、植被层植物根冠比高，凋落物和地下死根不易分解，生态系统同化的有机碳可以较长时间地储存于地下根系和土壤中，其是巨大的碳库，其 NPP 占全国 GPP 的 13%。利用实测的土壤剖面数据，结合土地资源调查资料，估算青藏高原高寒草地土壤有机碳密度为 20.9 kg C/m^2，对应的土壤有机碳库为 33.5 Pg C，其中以高寒草甸土和高寒草原土有机碳积累量为主，两者之和占全国土壤有机碳量的 23.44%。任继周等研究指出，我国草地年碳汇为 773.21 Tg C，而其中高山草地和冻原生态系统固碳潜力最大，为 250.7 Tg C，占到我国陆地总碳汇的 8.49%，占全球土壤碳库的 2.4%左右。

高寒草地地下生物类群复杂多样，包括细菌、真菌、古菌等土壤微生物，体积微小的线虫、原生动物，中型的节肢动物、蚯蚓，以及大型的鼠类等动物。通过相互协作，土壤微生物在维持土壤物理结构并驱动土壤养分循环等过程中具有重要作用。基于青藏高原东部和中部的样带研究发现，高寒草地土壤真菌多样性主要受地上植物多样性和土壤属性而非气候因素影响。不同草地类型间真菌多样性存在差异，高寒草原高于高寒草甸，真菌对贫瘠干旱的土壤环境有更强的适应性。细菌多样性与真菌多样性存在差异，表现为高寒草甸细菌多样性高于高寒草原。

高寒草地作为我国主要水源涵养区，是长江、黄河、澜沧江、黑河等大江大河的源头，素有"中华水塔"之称。据《2005—2015 年三江源水资源监测专题成效评估报告》，长江源、黄河源、澜沧江源多年平均地表水资源量分别为 179.4 亿 m^3、141.5 亿 m^3 和 109.9 亿 m^3，总计 430.8 亿 m^3，是我国最重要的淡水资源。高寒草地生态系统的水源涵养功能维护和不断提升是三江源国家自然保护区和国家公园建设的重要目标之一。

在青藏高原多年冻土区，冻融侵蚀发育叠加强烈的风蚀和水蚀作用等，使水土流失较为严重。高寒草地植被覆盖状况具有显著的水土流失防护能力，高寒草原植被覆盖度由 30%增加到 60%以上，土壤侵蚀模数降低 38%；高寒草甸植被覆盖度由 50%增加到 85%以上，土壤侵蚀模数降低 41%。在防风固沙方面，高寒草地生态系统同样具有较强功能，植被覆盖度由 60%降低到 40%，土壤风蚀速率增加 32%～47%，植被覆盖度进一步减少到 20%，则风蚀速率可达到植物覆盖度为 60%时的 1.1～2.3 倍（Jiang et al., 2018）。

4.3　冻土区苔原生态系统

4.3.1　苔原生态系统类型与分布

苔原主要分布在欧亚大陆及北美大陆的最北部以及北极圈众多岛屿上，亚洲和北美东部的苔原带较宽阔，可向南延伸到相应于北欧夏绿阔叶林的纬度，而欧洲和北美西部受暖流影响，苔原带比较狭窄，分布靠北。南半球因相应的纬度为大洋所围绕，除个别岛屿外，基本不存在苔原，但在某些高原上存在苔原气候。按所处地理位置，苔原主要分为北极苔原（Arctic tundra）、高山苔原（alpine tundra）和南极苔原（Antarctic tundra）三大类。苔原根据土壤基质不同又可分为黏壤土苔原（包括藓类苔原、藓类斑状苔原、草丘苔原、草丛苔原和草甸苔原）、砂质土苔原（包括地衣苔原、灌木地衣苔原、灌木苔原和草丛苔原）和泥炭土苔原（丘状苔原和苔草苔原）。北极苔原主要分布在北半球高纬度、泰加林以北区域，面积为 1300 万 km^2，是 3 种类型中分布面积最大、区域最广的苔原，从泰加林到苔原的过渡地带绵延超过 13400km，通常被称为亚北极，主要类型及其分布格局如图 4.8 所示。其中，俄罗斯、加拿大分布面积最大，此外，美国阿拉斯加和北欧国家也有分布。根据气候条件从南到北的差异，北极苔原又可分为森林苔原、灌木苔原、藓类地衣和极地苔原 4 个亚带。灌木苔原至极地苔原等类型的基本特征见表 4.2（CAFF, 2013）。

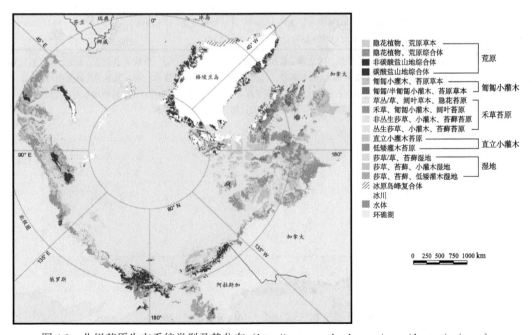

图 4.8　北极苔原生态系统类型及其分布（http://www.arcticatlas.org/maps/themes/cp/cpvg）

表 4.2 中的 5 个生态分区是苔原生态系统的基本特征，在文献（Raynolds et al., 2006）中分别按照 A、B、C、D、E 分类（图 4.9）。A～E 区的基本植物形态和优势建群种由图 4.9 直观显示。沿北极气候梯度的 7 月平均气温正差 10℃（从 0～3℃到 10～12℃）对应于植物生长所能获得的夏季总热量的重要差异，其导致植物冠层的主要结构差异，这是划分北极苔原带 5 个纬向生物气候分区的基础。最北端的极地荒原或藓类地衣苔原

表 4.2　主要北极苔原生态系统的基本特征（CAFF, 2013）

生态类型分区	7 月平均气温/℃	夏季温暖指数/℃	植被垂直结构	植被水平结构	主要植物功能类型	地带性总地上植物量/（g/m²）
荒原或藓类地衣苔原（A 区）	0～3	<6	土壤十分贫瘠。在局部适宜微环境仅有 1 个地衣或苔藓层，一般高<2cm，维管束植物非常分散，不超过苔藓层	<5%的维管束植物被覆盖，高达 40%的苔藓和地衣被覆盖	<u>b</u>, g, r, <u>cf</u>, <u>of</u>, ol, c	66～154
草丛苔原（B 区）	3～5	6～9	2 层，苔藓层 1～3cm 厚，草本层 5～10cm 高，平卧矮灌木 5cm 高	5%～25%的维管束植物被覆盖，高达 60%的隐花植物被覆盖	<u>npds,dpds,n s,cf,of,b</u>,ol	145～388
灌木苔藓苔原（C 区）	5～7	9～12	2 层，苔藓层 3～5cm 厚，草本层 5～10cm 高，匍匐和半匍匐矮灌木<15cm 高	维管束植物被覆盖 5%～50%，稀疏斑片状植被	<u>npds,dpds,n s,cf,of,b</u>,ol, <u>ehds</u>	297～508
灌木苔原（D 区）	7～9	12～20	2 层，苔藓层 5～10cm 厚，草本和矮灌木层 10～40cm 高	50%～80%的维管束植物被覆盖，间断性封闭植被	<u>ns,nb,npds, dpds,deds,</u> <u>ehds</u>,cf,of,b	313～563
灌丛带（E 区）	9～12	20～35	2～3 层，苔藓层 5～10m 厚，草本/矮灌木层 20～50cm 高，有时低灌木层可达 80cm	80%～100%的维管束植物被覆盖，封闭的冠层	<u>dls,ts,ns,de ds,neds,sb</u>, <u>nb</u>, <u>rl</u>,ol	740～749

注：①夏季温暖指数指大于 0℃的月平均气温之和。②b，荒原；c，隐花植物；cf，垫状丛生杂草；deds，落叶直立矮灌木；dls，落叶小灌木；dpds，落叶匍匐矮灌木；g，禾草；ehds，常绿半匍匐矮生灌木；nb，无孢子苔藓植物；neds，不落叶直立矮灌木；npds，不落叶匍匐矮灌木；ns，非丛生莎草（苔草）；of，其他杂类草；ol，其他地衣；r，灯心草；rl，驯鹿地衣；sb，楔状苔藓；ts，草丛莎草（苔草）。③有下划线的植物功能类型为优势种。

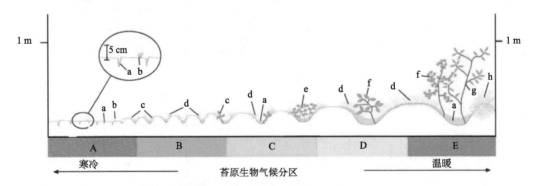

图 4.9　苔原生物气候分区（Raynolds et al., 2006）

a，苔藓、苔类植物和地衣；b，非禾本草本植物；c，匍匐矮灌丛；d，非丛生禾本科草本植物；e，半匍匐矮灌丛；f，直立矮灌丛；g，低灌丛；h，丛生禾本科草本植物

（A 区）主要为苔藓、地衣、藻类、细菌和少量的垫状杂类草、灯心草和禾本科植物等。草丛苔原（B 区）和灌木苔藓苔原（C 区）以匍匐矮生灌木为主（如山竹、柳等），C 区部分为半匍匐灌木，分布有大量的北极白石楠。在南段的灌丛带（E 区）拥有复杂的植物冠层，由矮、低落叶和常绿灌木、莎草、杂类草等组成；矮灌丛植株普遍高于 40 cm，高达 2 m 的灌木也常见。

南极苔原主要分布于南极及亚南极的一些岛屿，南极大部分地区因寒冷干燥，植物无法生长，被冰川覆盖，但在大陆的一些地区有植物生长，植被主要由 300～400 种地衣、100 种苔藓及一些藻类组成，目前在南极仅发现南极发草（*Deschampsia antarctica*）和南极漆姑草（*Colobanthus quitensis*）两种开花植物，与北极苔原相比，因物理阻隔，南极苔原无大型哺乳动物群落。

高山苔原是高海拔导致寒冷和大风等恶劣气候而无树木生长的植被带，可发生在全球任何纬度的高海拔地区，分布面积为 3.56 万 km²。其主要位于高山林线以上的山峰、山坡及山脊，大多苔原景观呈破碎化，也有少部分区域地势平坦、连片分布。高山苔原的大区包括亚洲的喜马拉雅山脉、北美的落基山脉、欧洲的阿尔卑斯山、科迪勒拉山、斯堪的纳维亚山脉、比利牛斯山脉、南美洲的安第斯山脉、非洲的裂谷山脉、乞力马扎罗山脉，以及高加索山脉和青藏高原的大部分。与北极苔原不同的是，高山苔原生长季较长，最长可达 180 天，但典型高海拔地区生长季在 3 个月左右，生长季平均温度为 10℃。高山苔原排水良好，降水主要来自积雪，但水分分布因季节、位置和地形而异。在风力作用下，山脊和山谷积雪存在巨大差异，大风还可造成严重的土壤侵蚀和植物生理胁迫。高山苔原植被类型与北极苔原相似，主要包括草地和低矮灌丛，因气候严酷、土层贫瘠，植被分布自下而上逐渐稀疏，种类减少。中国高山苔原主要分布于长白山 2100 m 以上和阿尔泰山 3000 m 以上的高山地带。

4.3.2 苔原生态系统功能

在北极苔原所在的极寒之地，生产者（植物）、消费者（食草动物）、消费者（食肉动物）和分解者这 4 个营养水平都存在，同样生活着麝牛、北极狐、北极狼等多种动物，它们构成了苔原生态系统的多样化食物链（图 4.10）。春天一到，北极驯鹿离开越冬的亚北极地区的森林和草原，沿着几百年不变的路线往北进发，开始每年一次长达数百公里的大迁移；此外，每年夏天有数以百万计的鸟类迁徙到苔原，形成一道道靓丽的景观。北极地区以特有的苔原食物网为特征，它们主要由分布范围局限于北极苔原生物群落的物种构成。总体而言，随着纬度的增加，北极生物多样性总体呈下降趋势，种群物种随之减少，种群数量也减少，食物网越往北越简单。如图 4.10 所示，从更偏北的草丛苔原到偏南一些的灌木苔原，群落结构复杂性和生产力提高（表 4.2），食物网也逐渐趋于复杂多样化，生物多样性显著增大。

北极生物多样性在生产、文化、美学、生态学以及经济学等方面具有不可替代的价值。对于北极居民而言，苔原是他们数千年来最根本的生活基础，也是显示他们的物质存在和精神存在的重要元素。北极苔原为当地居民提供不可或缺的生产和生活场所。北极地区生活着已有上万年历史的当地居民，包括因纽特人、楚科奇人、雅库特人、鄂温克人和拉普人等，他们多以放牧驯鹿为生。北极地区独特的自然风光和丰富多样的动植物具有极高的景观价值。例如，位于加拿大努勒维特最南部的亚怀亚特社区，拥有壮丽的自然风光和生物多样性，还有近 3000 因纽特人定居在此，其保留了传统的文化特色，依赖社区独特的北极风光，每年吸引近两万名游客。

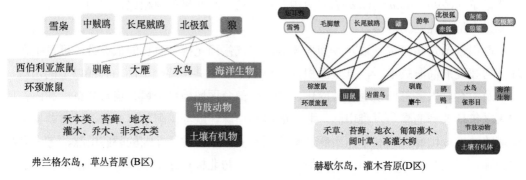

图 4.10　不同苔原生态系统的食物链结构（据 CAFF, 2013 改绘）

对于脊椎动物，广泛分布的北方和北极物种标为棕色，典型的北极物种为淡蓝色，主要北方物种标为红色

苔原生态系统，植被种类组成简单，动物种类少。在藓类地衣苔原、草丛苔原以及灌木苔藓苔原等区域，植物低矮，以根系发达的匍匐状小灌木和垫状多年生草本为主（图 4.11），其生长期短，开花集中，可适应强风吹袭和高山强日照。苔原生态系统群落结

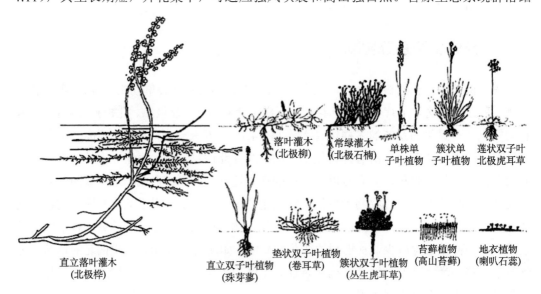

图 4.11　苔原生态系统植被生活型

构比较单一，通常只有 1～2 层，底层苔藓地衣生长茂盛，上层主要为草本和灌木，其根茎和更新芽隐藏于苔藓地衣中，有利于其生长，生产者主要是地衣苔藓和多年生草本，其他生物大都直接或间接地依靠其维持生活。只有在南段的灌丛带（E 区），生态系统组成可能有 3 层，草本/矮灌木层 20～50 cm 高，有时低灌木层可达 80cm 甚至 2m。总体上，绝大部分区域苔原物种数量较少，有 1800 种维管束植物，4000 种隐花植物，3300 种昆虫，75 种哺乳纲动物，240 种鸟类。因此，苔原生态系统非常脆弱，若植被受到大面积破坏，则整个生态系统就会失衡。

苔原土壤的多年冻土是苔原生态系统最为独特的特征，其上部是冬冻夏融的活动层，活动层对生物的活动和土壤的形成具有重要的影响。由于气候寒冷，有机质分解缓慢，苔原土壤中储存有大量有机质，是陆地生态系统最为重要的碳库之一，碳储量约为 1700 Pg C，其含碳量是目前大气含碳量的两倍，约占陆地生态系统表层土壤（1 m）的 1/3（Schuur et al., 2015），北极苔原植被碳储量为 155.4 Gg C。苔原巨大的碳库对于调节区域乃至全球气候具有重要作用。苔原固碳功能主要体现在植被初级生产力和生态系统呼吸两个方面，总体上，北极苔原表现为碳汇，基于观测和模型预测估计，苔原生态系统碳汇（CO_2）强度为 110 Tg C/a，CH_4 排放 19 Tg C/a。然而，苔原生态系统对气候变暖极为敏感，气温升高可促进苔原植被生长，提高生态系统净初级生产力；其也可以通过调节参与碳循环的土壤微生物，加速土壤有机质周转，促进植物和土壤呼吸作用，进而增加生态系统碳排放。早期在加拿大 Alexandra Fiord，美国阿拉斯加 Barrow、 Atqasuk、Toolik Lake 的原位增温试验发现，较为湿润地区苔原表现为植被生物量增加量高于 CO_2 排放量，即碳汇；而在较干燥地区苔原，植被生物量增幅低于 CO_2 排放量，表现为碳源。CiPEHR（The Carbon in Permafrost Experimental Heating Research）研究发现，阿拉斯加苔原在 7 年试验期对照组生态系统呼吸和生态系统净交换（NEE）均呈增加趋势，但 NEE 增幅低于生态系统呼吸增幅，全年表现为碳源。长白山高山苔原增温 1℃对生态系统呼吸无显著影响，但净 CO_2 通量增加 136%。近年来，在多年冻土泥炭地和苔原还发现，N_2O 排放热区释放 0.1 Tg/a，占全球总排放的 0.6%，到 21 世纪末，冻土退化将导致 29 Pg N 释放到大气中。多年冻土区变暖速率高于全球平均水平，促使大量长期封存的温室气体释放到大气，可能进一步加速全球气候变暖趋势，威胁全球气候系统。

4.4　荒漠生态系统

4.4.1　青藏高原高寒荒漠生态系统

高寒荒漠生态系统是指分布于高山或高原干旱、半干旱地区，极端耐旱植物占优势的生态系统，一般分布在高山苔原植被带以上、永久冰雪带以下。寒冷和大风常造成生理干旱，植物生长期很短，仅 2～3 个月。因水分缺乏，植被极其稀疏，一般高仅 8～

15 cm，叶小而质厚，伴有大片裸露土地，植物种类单调，生物生产量很低，能量流动和物质循环缓慢，在我国主要分布在西藏北部、新疆南部的昆仑山、帕米尔高原一带（图4.12），海拔 3900～5500 m 的山地，如青藏高原昆仑山西、中段南麓山前平原，平均海拔 5000 m，年均温 <-8℃，7 月均温 6℃，年降水量 20～50 mm，多年冻土连续分布，一般厚度>10 m，冰缘强烈，分布多种石环，地面多砂、砾质。区内以高山荒漠为主要景观，垫状驼绒藜、点地梅、风毛菊等均显稀疏，覆盖度一般<15%，土壤发育具有粗骨性的高山寒冻土，以及部分高山草原土和零星的高山草甸土。西段以阿克赛钦地区为例，其属于砾质荒漠，垫状驼绒藜十分稀疏，该植被似两极植物；中段多为沙质荒漠苔原，有草原与沼泽苔原镶嵌其中，植被为垫状驼绒藜-小半灌木荒漠，伴生种有沙生针茅、羽柱针茅、戈壁针茅、棘豆、青藏苔草等植物，与草原苔原构成高原苔原水平地带性的纬向分异。高寒荒漠生态系统作为青藏高原植被带谱的顶端类型，十分脆弱，在不同空间以及时间尺度受到气候变化和人类活动（放牧）的影响。例如，西藏阿里地区高寒荒漠土层薄、地表粗砾化、沙化严重、有机碳含量低，从亚高山草原土、高山草原土、亚高山荒漠草原土、亚高山荒漠土至高山荒漠土，土壤有机碳含量呈逐渐下降的趋势；土壤有机碳含量与海拔、土层厚度、表层砾石含量之间具有微相关性，但随海拔升高，土壤有机碳含量降低，地表粗砾化呈加重的趋势，其主要原因可能是过度放牧、野生动物数量增加造成植被退化。以上观点在其他研究中也得到证实，如阿里地区日土县 2000～2016 年 NDVI 先减后增，总体呈现增加趋势，这与温度、降水、标准化降水蒸散指数（SPEI）以及牲畜存栏数（LN）的变化密切相关；退牧还草工程实施前（2000～2007 年），LN 对 NDVI 变化的影响更大，而工程实施后（2008～2016 年），表现为 SPEI 对 NDVI 变化的影响更大。退牧还草工程通过控制牲畜数量，减轻放牧压力，在很大程度上遏制了该地区植被尤其是草原和湿地 NDVI 的降低趋势。近 30 年（1990 年以来）的气候变化过程中，祁连山增温显著，降水量微弱增加，高寒荒漠分布范围呈萎缩趋势，萎缩速率约为 348.3 km^2/a，导致高寒荒漠下界平均海拔以每 10 年约 15 m 的平均速率向更高海拔推

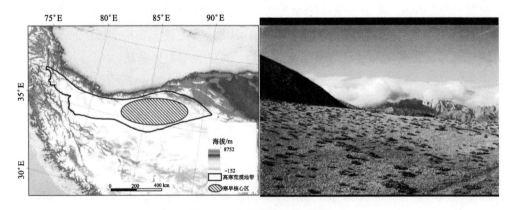

图 4.12　高寒荒漠生态系统

进,向上推进幅度为西段>东段>中段;由于水热背景条件的空间差异,祁连山东段和中段阳坡上高寒荒漠分布动态变化大于阴坡,而在祁连山西段表现相反;气候变化影响祁连山高寒荒漠分布动态变化及其空间差异,但气温是主要的影响因子,气候变暖促进了高寒荒漠下植被带主体高寒草甸的生长。

4.4.2　极地寒漠生态系统

极地寒漠生态系统(polar desert ecosystem)指南北极没有或极少有植被生长、地表裸露或冰帽覆盖的区域,包括 75°N 以北格陵兰的北部、新地岛、法兰士约瑟夫地群岛、北地群岛、新西伯利亚群岛的一部分以及北冰洋岛屿和整个南极大陆。极地寒漠生态环境更加严酷,总热量减少,风蚀强烈,积雪很少融化,70%以上的陆面为碎石和岩石,植被分布稀疏不连续,由适应冰雪严寒生境的地衣、苔藓和极少数被子植物所组成,生长季更加短暂,冻土活动层厚度较苔原生态系统浅,约为 40 cm,但活动层厚度因地形条件和微环境而存在差异。南极多为贫瘠的永久冰层,温度经常降到冰点以下,冻融交替导致冰盖表面出现长达 5 m 的冰纹;未受冰雪覆盖的地面有极地荒漠植被,植物种类和数量更少,仅有 2~3 种高等植物,NPP 小于 100 g/m^2。

极地寒漠生态系统年降水量小于 50 mm,虽然降水量与荒漠降水量相似,但区别于一般热带、亚热带荒漠,极地寒漠温度低、蒸散小,在生长季空气和土壤保持湿润,所以极地的寒漠仅表示极端恶劣的生存环境。例如,麦克默多干谷(McMurdo Dry Valleys)是南极最大的无冰盖寒漠生态系统,向下风以高达 90 m/s 的风速横扫整个山谷并带走所有水分,地表贫瘠,砾石散布,是南极洲唯一没有冰层的区域,也是世界上环境最恶劣的沙漠之一。

4.5　灌丛生态系统

4.5.1　青藏高原高寒灌丛生态系统

高寒灌丛是一种高山植被类型,广泛分布于乔木林上限以上的高寒地带(图 4.13),多见于青海东南和东北部海拔 3600~4500 m 的山地阴坡和局部滩地,灌木种类多,分布广,面积大,主要有杜鹃属、柳属、绣线菊属、金露梅属等。灌丛下草本植物种类较多。灌木有的叶片常绿,草质较厚,背面有鳞片状毛,角质层发达;有的植株矮小,枝条密集,寒冷时落叶;有的茎秆匍匐在地面,形成低矮垫状。群系组有高寒常绿灌丛和高寒落叶灌丛。前者包括百里香杜鹃灌丛、头花杜鹃灌丛、陇寒杜鹃灌丛;后者包括金露梅灌丛、毛枝山居柳灌丛、积石山柳灌丛、窄叶鲜卑花灌丛、箭叶锦鸡儿灌丛、黑刺灌丛、西藏沙棘灌丛等。灌丛下草本植物生长良好,但家畜采食困难,可作辅助草场利用。青藏高原东北部灌丛生态系统草本层地上生物量与地下生物量分别为 121.1 g/m² 和 342.8 g/m²，均大于高寒草地的地上生物量与地下生物量，而草本层的根冠比为 3.6，低于高寒草地的根冠比。

图 4.13　青藏高原杜鹃灌丛（左）和金露梅灌丛（右）

　　高寒灌丛生态系统受气候变化和放牧管理等多因素影响。已有研究表明，气候变暖导致高寒灌丛群落扩张，促进地表地被物和土壤对 C、N 和 P 的固存，进而影响区域森林地表 C、N 和 P 物质周转和循环等生态过程，同时增强生态系统碳通量。气候变暖可提高高寒灌丛根系分泌物碳、氮输入速率和细根生物量进而增加根系分泌物碳、氮输入通量；研究发现，增温分别使青藏高原东缘高寒灌丛根系分泌物碳、氮输入速率显著增加 14.0%～69.1% 和 15.3%～70.2%；使根系分泌物碳、氮输入通量显著增加 57.2% 和 46.9%。增温还可通过提高高寒灌丛土壤微生物群落和植物根系的生理活性直接促进土壤异养呼吸和根系呼吸，并提高土壤养分含量和土壤酶活性，进而间接促进土壤呼吸。放牧是影响高寒灌丛的主要人为因子之一，随着放牧强度的增大，高寒灌丛草本盖度、灌木盖度、高度均降低，地下生物量随着放牧强度的呈先升高后降低的趋势。而围封可提高轻度和重度退化灌草交错区系统草本和灌木高度、盖度、生物量。

4.5.2　极地寒带灌丛生态系统

　　以杨柳科、石楠科与桦木科的矮小灌木为主的灌丛冻原（图 4.14）广泛分布于极地寒带。中国没有位于广大平坦地区的平地冻原，仅于长白山和阿尔泰山顶部有面积很小的山地冻原分布。灌丛冻原的植物多具有下列特点：垫状或匍匐地形、营养繁殖、生长缓慢、地下部分生物量超过地上部分。它们多数紧贴地面生长，以避免风寒。严寒和暖季较长的日照，使极地灌丛多为常绿的多年生植物，并常具有大型和鲜艳的花朵，所以冻原的外貌不像荒漠那样单调和缺乏生气。灌丛群落结构简单，通常仅 1～2 层。苔藓地衣层特别繁茂，许多灌木、草本植物的根、根茎和更新芽隐藏其中而受到保护。动物种类贫乏，主要有驯鹿、麝牛、北极狐、北极熊、狼和旅鼠等。夏季多有候鸟迁来繁息。冻原生态系统的生产力很低，平均不到 1g/（m²·d），主要由低温限制、生长缓慢所致。

图 4.14　极地寒带灌丛生态系统

由图 4.8 和表 4.2 可以看出，除了大范围分布的灌木苔原以外，以落叶和不落叶直立矮灌木、落叶小灌木等为优势建群种的灌丛带为极地寒带典型灌丛生态系统，群落可由80%～100%的维管束植物覆盖，维管束植物种类可达 200～500 种。群落层次明显，有 2～3 层，即苔藓层、草本或矮灌木层、直立高灌木层等。群落冠层郁闭度较高，地上生物量一般为 740～749 g/m²。

4.5.3　高寒灌丛生态系统功能

高寒灌丛作为青藏高原多年冻土和季节冻土区主要的植被类型之一，是该地区相对稳定的生态系统类型，但其生物多样性低于草地。通过对青海省 40 个样地高寒灌丛调查发现，207 种植物（其中灌木植物 18 种、草本植物 189 种）隶属 130 属 43 科，灌木以蔷薇科、杜鹃花科为主，而草本以菊科、龙胆科、毛茛科和莎草科为主；群落多样性指数偏低，植物群落结构简单，物种组成稀少，群落覆盖度为 33%～95%；小叶金露梅群落的多样性指数最大，金露梅群落、细枝绣线菊群落和鲜卑花群落次之，百里香杜鹃+头花杜鹃群落最低；不同高寒灌丛类型生物量介于 1893～7585 g/m²，平均值为 3776 g/m²，其中灌木生物量占比最大，占灌丛总生物量的 73.55%；灌丛总生物量随草本物种多样性和群落物种多样性的增加而减小；草本生物量随其物种多样性的增加而减小，而灌木物种多样性与其生物量并无显著相关性。高寒灌丛同样是当地牧民重要的放牧场所，随着放牧强度增加，金露梅灌丛下层群落的物种组成及其结构变化显著，禾本科、莎草科和杂类草植物的地上生物量均有不同程度的下降，而杂类草的地上生物量占比由56.0%上升到 79.69%，禾本科的地上生物量占比由 31.2%下降到 9.6%。

青藏高原典型的高寒金露梅灌丛生物碳密度、凋落物碳密度、土壤有机碳密度和总碳密度分别为 5088.5 kg/hm^2、542.1 kg/hm^2、35903.7 kg/hm^2 和 41534.4 kg/hm^2，其中土壤碳密度占比最大，占总碳密度的 86.4%，灌木层碳密度占总生物量碳密度的 68% 以上。总体上，金露梅灌丛的生物碳密度明显低于中国 6 种主要灌丛的平均值（10.88 t/hm^2）。采用涡度相关法对青藏高原高寒灌丛 CO_2 通量进行连续 3 年观测后发现，高寒灌丛年净生态系统 CO_2 交换量平均值可达 187 g CO_2/（m^2·a）。

以北极落叶和不落叶直立矮灌木、落叶小灌木等为优势建群种的灌丛带（E 区）生态系统的特征是在所有营养水平上都有相对丰富的北方物种、较为丰富的物种多样性和较为复杂的食物网。北极寒带灌丛生态系统具有较大的土壤碳库，以亚北极白桦林-石楠灌丛苔原交错带的样地分析结果为例（Hartley et al., 2012），石楠灌丛苔原地上有机碳库仅为白桦林的约 1/6，但是其地下土壤碳库却是后者的 1.5 倍；在氮库方面，石楠灌丛苔原地上氮库是白桦林的约 1/3，但其地下土壤氮库是后者的 2.06 倍。

4.6　寒带针叶林生态系统

寒带针叶林（cold needle-leaved forest）也常被称为北方针叶林（boreal coniferous forest）或泰加林，是分布在寒带地区，主要由云杉属、冷杉属以及落叶松属组成的针叶林。寒带针叶林面积约 1.2×10^7 hm^2，约占全世界森林面积的 30%，仅次于热带雨林，具有重要的生态服务功能。它的土壤有机碳储量占到全球陆地生态系统有机碳储量的 1/3，在全球碳平衡中起到重要作用。它的地下埋藏着各种矿物、石油和天然气。它的群落结构简单，组成整齐，便于采伐，是现今世界上主要的木材生产地。世界工业木材总产量的一半以上来源于寒带针叶林。同时，寒温带针叶林也是受气候变化威胁强烈的区域之一，它对气候变化的响应和反馈对未来气候的变化趋势起着举足轻重的作用。

4.6.1　寒带针叶林生态系统类型与分布

寒带针叶林面积巨大，分布范围广，其北界就是地球上整个森林带的北界，在海拔上的界线就是林线，其南界变化较大，这主要受控于降水量变化。一般情况下，寒带针叶林可向南到达 18℃等温线（7 月）；当降水量很小时，寒带针叶林延伸到 15℃等温线（7 月）而被森林草原替代；而降水量较大时（如东西伯利亚和蒙古国），则可向南到达 20℃等温线（7 月）。它在欧亚大陆上从大西洋一直延伸至太平洋，连成一条完整的针叶林地带，在北美也占据着相当宽的范围，即从挪威向东伸延，经瑞典、芬兰、俄罗斯和西伯利亚，越过白令海峡到达阿拉斯加和加拿大（图 4.15）。在北极苔原与温带主大陆之间分布着著名的西伯利亚泰加林，它是一条宽达 1300 km、纵向延伸达 1650 km 的森林带，向北直至北极圈以内。在加拿大的赫德森海湾地区，森林平行于北极圈以南，向东西方向延伸。在我国，高海拔山地构成垂直带上的山地寒温性针叶林带，其分布高度由北向南逐渐上升，如在大兴安岭，一般多分布在 1200～1300 m 及以下，在东北的长白山分布于 1100～1800 m，向南至河北小五台山分布于 1600～2500 m，至秦岭则分布于 2800～3300 m，再向南至藏南山地则上升到 3000～4300 m。

　　寒带针叶林根据其落叶或常绿等生活型的不同，可划分为寒带落叶针叶林和寒带常绿针叶林。寒带落叶针叶林是由落叶针叶树组成的、分布在北方或高海拔山地的针叶林，也称为明亮针叶林。落叶松属是明亮针叶林的主要建群种，它喜欢阳光充足而较干旱的环境。因为落叶松组成的森林常较稀疏，阳光直达林下，冬季落叶后林下更是充满阳光，因此得名明亮针叶林。西伯利亚东部地区大陆性气候明显，冬季极端寒冷，是北半球冬季最严寒的地区，年温差大，分布有大面积的兴安落叶松（*Larix gmelini* Rupr.）林。我国大兴安岭一带分布的兴安落叶松林就是东西伯利亚兴安落叶松林向南的延伸。此外，在我国，阿尔泰山、天山分布着以新疆落叶松（*Larix sibirica*）为建群种的明亮针叶林；长白山区分布着以黄花落叶松（*Larix olgensis*）为建群种的明亮针叶林；华北以及秦岭等温带山地一带分布着以华北落叶松（*Larix principis-rupprechtii*）和秦岭红杉（*Larix potaninii* var. *chinensis*）为建群种的明亮针叶林；四川、云南、西藏等高山地区分布的是

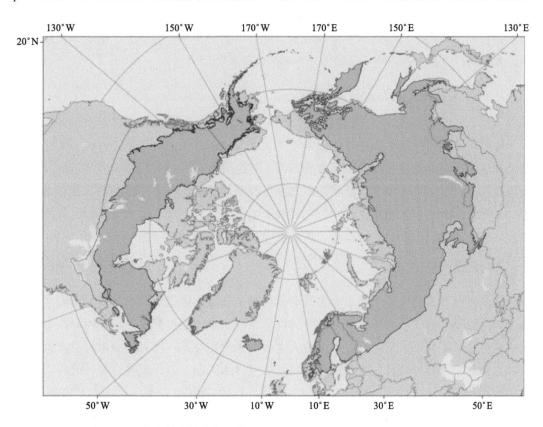

图 4.15　北方针叶林分布（来源于 http://ibfra.org/about-boreal-forests/）

以四川红杉（*Larix mastersiana*）、红杉（*Larix potaninii*）、大果红杉（*Larix potaninii* var. *australis*）以及藏红杉（*Larix griffithii*）为建群种的明亮针叶林。

寒带常绿针叶林是由常绿树组成的生长在北方或高海拔山地的针叶林，也称为暗针叶林。暗针叶林是指松科中以云杉属、冷杉属、铁杉属（*Tsuga*）、黄杉属（*Pseudotsuga*）以及油杉属（*Keteleeria*）为建群种的常绿、阴暗、潮湿的森林群落的总称。由云杉属和冷杉属的树种组成的暗针叶林耐寒性较强，对水分要求稍低，主林层的建群作用很强，分布范围很广，具有最典型的暗针叶林的群落外貌和结构，是暗针叶林中最重要的一个分支，简称云冷杉林。云冷杉林是欧亚大陆分布最广的森林植被类型之一，其北界可达65°N，局部地区可达70°N，与落叶松属和桦木属等树种一起构成森林在欧亚大陆的北部边界。在此以南，直到55°N，暗针叶林分布于平原及低山，与北美的云冷杉林隔洋相望，联合成纵跨10个以上纬度、环球分布的暗针叶林带。北美洲大西洋沿岸的针叶林与欧亚大陆的泰加林相类似，从海岸线一直延伸到西部的落基山下。55°N以南，云冷杉林逐渐向山地攀登，成为湿润山地垂直带谱中分布最高的一种植被类型。暗针叶林在山地垂直带的分布幅度很大，在山体有足够高度、水分充足的地区，垂直带的幅度可达1000 m左右。而在东亚和北美地区分布着对热量要求较高、对降水量和相对湿度要求较严的由铁杉、黄杉和油杉组成的暗针叶林。在我国，暗针叶林广泛分布在东北、华北、蒙新、川滇、青藏高原以及台湾山地，是我国分布最广的森林类型之一。

4.6.2　寒带针叶林生态系统功能

寒带针叶林面积巨大，在欧亚大陆上从大西洋一直延伸至太平洋，连成一条完整的针叶林地带，在北美也占据着相当宽的范围。它覆盖着高纬度或高海拔的严寒地区，是陆地生态系统类型组成中非常重要的生态系统类型，对世界生态和经济具有重要支撑作用。寒带针叶林生态系统功能多样，主要表现为资源供应以及生态调节作用，包括资源供应、生物多样性维持、水源涵养、重要的碳库、气候调节、生态屏障等。

1. 资源供应

寒带针叶林作为世界上第二大生物群落，是生物圈中能量流动和物质循环的重要主体之一，也是人类的资源库。寒带针叶林群落组成和结构相对简单，针叶树种在生态系统中优势明显，便于采伐，是现今世界上主要的木材生产地。世界工业木材总产量的一半以上来源于寒带针叶林。寒带针叶林高附加值林木产品丰富。某些寒带针叶林的构成树种的种子含油丰富，可供食用，具有较高的经济价值。寒带针叶林下灌层中某些物种[如我国大兴安岭林下的笃斯越桔（*Vaccinium uliginosum*）和越桔（*Vaccinium vitis-idaea*）]，其果可食用，是重要的、天然的野生浆果资源。寒带针叶林特殊的生长环境以及较少的人为干扰孕育出丰富的珍贵药用资源。此外，寒带针叶林地下埋藏着丰富的矿物、石油和天然气资源，是重要的油气和矿物宝库。

2. 生物多样性维持

相对于温带和热带生态系统，寒带针叶林内的生物在科、属和种上都相对匮乏。因此，寒带针叶林生物多样性研究一直未受到足够的关注。但是，寒带针叶林面积巨大，大面积的地域还未受到人类干扰或干扰较少，其成为很多物种的避难所，在全球生物多样的维持上具有非常重要的作用。人类对自然界的认识和对物种的分类还非常不完善，特别是对节肢动物、真菌和细菌等类群的分类。这些类群在寒带针叶林却极为丰富，但并未被人类所认识。据估计，世界北方针叶林孕育了超过 100000 种生物，超过 95%属于节肢动物和微生物，而其中只有 20%的生物类群被分类记录。寒带针叶林的存在对于动物也具有重要的意义。在北美，将近一半的鸟类依靠寒带针叶林生存，其中 90%以上在寒带针叶林中繁殖。虽然寒带针叶林树种生物多样性较低，但森林火灾等频繁的干扰过程使其形成多样的生存环境，为更多的动物和植物的生存提供了空间。因为人类对寒带针叶林生物多样性地位有误解，所以我们仍未认识到它的生物多样性价值。在全球变化的大背景下，寒带针叶林作为人类干扰相对较少的地域，其生物多样性价值和诸多生态系统功能应受到更充分的关注。

3. 水源涵养

寒带针叶林涵养水源的效益主要体现在两个方面：一是森林对降水的截流和蓄存；二是森林的存在可以明显提高河川径流量，延长丰水期，缩短枯水期，从而提高对人类生活和工农业生产的供水能力，即森林增加水资源的效益。寒带针叶林水资源丰富，其林下 90%的河流处于水源上游，对整个流域水资源的丰缺和生态安全起到重要作用。地表水质量很大程度上取决于流域周围的土壤，尤其是土壤和水的交界面。河岸带是陆地-水域的重要交界面，具有吸附和释放有机质的重要功能。寒带针叶林土壤有机质十分丰富，且广布的河岸带对流域生态健康的影响尤为显著。同时，寒带针叶林林下冻土在水源涵养方面具有重要意义。

4. 重要的碳库

寒带针叶林带是世界重要的碳库，其在全球碳平衡和气候变化中扮演重要角色。1990～2007 年的资源调查结果显示，世界寒带针叶林碳储量达 272±23 Pg，占世界森林碳储量的 32%，与热带雨林碳储量相当，成为世界最大的两个碳库之一。但寒带针叶林碳库的组成与热带雨林的组成迥然不同。在热带雨林，生态系统大于一半的碳储存在生物量中。而寒带针叶林储存于生物量中的碳仅占生态系统碳储量的 20%，而 60%的碳都储存于土壤中。这使得北方针叶林的土壤碳储量占全球陆地生态系统有机碳储量的 1/3，其在全球碳平衡中起到重要作用。但由于土壤碳储量评估的困难以及巨大的区域差异，对寒带针叶林碳储量的评估并不准确。最新研究结果显示，以往的评估结果都低估了寒带针叶林碳储量，寒带针叶林总碳储量可达 367.3~1715.8 Pg，均值为 1095 Pg，是以往评估结果的 1.3~3.8 倍（图 4.16）。在分布上，近一半的寒带针叶林碳储量分布在俄罗斯，其次为加拿大、阿拉斯加和芬诺斯坎底亚（芬兰、挪威、瑞典和丹麦的总称）。寒带针叶林其巨大的碳储量可对气候变化产生重要反馈，在全球气候变化中扮演重要角色。

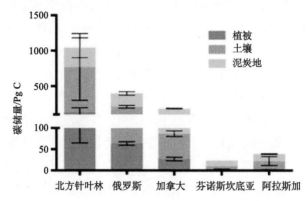

图 4.16　北方针叶林碳储量及其在主要北方地区的分布

5. 气候调节

寒带针叶林巨大的生态系统碳储量是其实现气候调节的重要基础。碳排放可以对气候变化产生重要的影响，为此各国积极推进运用市场经济来促进环境保护（即碳排放交易），允许企业在碳排放交易规定的碳排放总量不突破的前提下，可以用这些减少的碳排放量，使用或交易企业内部以及国内外的能源。寒带针叶林通过光合作用对空气中的 CO_2 进行固定，同时通过植物呼吸作用及微生物分解作用，生态系统中的碳又排放进入大气，二者的平衡将对区域乃至全球气候产生十分重要的调节作用。曾经有研究认为，由于低温对有机质分解的限制，寒带针叶林生态系统是净碳汇，可以不断地固定大气中的碳，从而减缓温室效应。但人类活动导致气候急剧变暖，使北方地区额外释放大量的碳到大气当中，可能形成对气候变化的正反馈，导致气候变化的速度超过目前的预测。其中，冻土退化使大量冻结状态的"老碳"重新被微生物分解释放，世界冻土碳储量达到 1700 Pg，几乎是目前大气中存在的碳总量的 2 倍。据地球系统气候模型预测，到 2100 年，气候变暖可导致 220 Pg 的碳从冻土区土壤中释放出来，而到 2300 年，这种反馈可以导致 0.12~1.69℃ 的增温效应，显示了冻土碳排放与气候变暖之间强大的正反馈效应。但以上模型的预测结果受到冻土融化后土壤水分改变的影响，分解发生时的土壤水分环境决定了土壤碳释放的形式（CO_2 或 CH_4）、速度和程度，这将是未来冻土碳排放预估不确定性的重要来源之一。虽然气候变暖在增加土壤碳排放的同时，会通过生长季的延长及 CO_2 施肥效应来增加寒带针叶林初级生长量，但这种影响对于寒带针叶林碳释放的抵消作用可能非常有限。很多研究者认为，寒带针叶林已经由碳汇变为了碳源，或在不久的将来将会出现源汇格局的转化。寒带针叶林的存在保证了分布区内的反照率，进而维持了区域能量平衡和水循环功能，起着调节区域乃至全球气候的作用。大面积寒带针叶林的砍伐利用，将带来严重的生态失衡，将对气候变化产生重要影响。

6. 生态屏障

寒带针叶林发挥着重要的生态屏障作用。以我国大兴安岭为例，大兴安岭以西为风沙比较严重的内蒙古高原，且大兴安岭又不太高，如果没有森林的阻挡，风沙将侵占农田和城市，威胁人类生存。而寒温带针叶林的存在及"三北"防护林的营造就缓解了这一自然对人类的威胁，并改善了区域环境，体现了寒温带针叶林的生态屏障作用。

思 考 题

1. 区别于其他地区的生物地球化学循环，冰冻圈区域的生物地球化学循环有何不同的特征？其主要与哪些冰冻圈要素相关？

2. 简述陆地冰冻圈生态系统的主要植被类型及其功能。

第5章 海洋冰冻圈生态系统及其功能

海洋冰冻圈不仅包括海冰，还包括上覆积雪、冰架和冰山，甚至包括海底多年冻土（秦大河，2016）。由于目前还没有将海底多年冻土作为生态系统研究的案例，这里要介绍的海洋冰冻圈生态系统的环境介质就是冰和雪，以及衍生出的特殊生境，如融池、冰架海腔等。海冰、积雪都可以作为独立的生境（或者说生态系统），但是它们之间也是相互影响的。积雪阻挡太阳辐射进入海冰，因此积雪的厚度和光学属性直接影响海冰中的初级生产力水平。海冰在绝大多数情况下阻碍了积雪和海水之间的物质和热交换，但在海冰发生断裂或者翻覆的条件下，海水会进入积雪，甚至积雪会凝结成海冰。

通常情况下，冰、雪和海水中的微生物（病毒、细菌、真菌）、原核和真核自养生物（主要是单细胞藻类）因为盐度的关系也是隔离的，但是营养元素却是连通的。海水中的营养元素会进入海冰，甚至渗透到积雪中。同样，海冰和积雪中物质的最终归宿也是海水。

根据冰、雪生态系统作为海气屏障和单独生境的双重属性，下面将从生境类型和生态作用、生物群落和适应机制、食物网结构和生产力、冰-水相互作用四个方面进行阐述。

5.1 生境类型和生态作用

5.1.1 冰上积雪

1. 积雪生态系统

海冰上的积雪可以作为一个独立的生境为很多生物（从微生物到大型哺乳动物）提供栖息场所。积雪的形态和物理性质决定了其作为生境的生物适宜性。对于以海豹为代表的大型哺乳动物而言，至少需要 45cm 厚的雪堆或者雪脊来建造雪窝，以供生产和哺乳期幼兽的防寒与躲避捕食之用。北极熊在从春季开始向北极迁徙的过程中主要以雪窝中的海豹幼兽为食，因此雪堆的厚度直接决定了海豹幼兽的生存概率。同时，雪窝中的温度受冰下海水的影响也会更加温暖。

对于积雪中的微型生物而言，液态水的存在是至关重要的，因为：①水分是所有生物生存和代谢所必需的；②积雪中的微型生物多是水生种类，北冰洋中心区发现的极地雪藻（*Chlamydomonas nivalis*）就广泛存在于陆地和冰川上部的积雪中，属于典型的淡水藻类；③液态水的存在也代表环境的温度比较高，适宜生物生存；④水环境提供了生物自由活动的空间，避免生物体受到坚硬的冰、雪颗粒挤压导致的物理伤害。因此，存续期超过一年的积雪中通常都会有真核生物大量存在，而它们的繁盛期一般是春夏季积雪融化时，冬季它们则以孢囊的形式休眠。

积雪中微型生物即便能够适应低温和低光照的环境，其生物量也会受制于营养物质供给，对于光合自养生物而言就是营养盐。积雪中的营养盐通常来自大气沉降和海水毛细渗透。南极的冰上积雪盐度平均在 10 以下，但是也有高于海水盐度的情况发生，可能是积雪融化，淡水再结冰时盐分浓缩的结果。这些通常的营养盐来源无法支持高丰度的雪藻生物量，一般高生物量只会出现在冰雪界面上，除非某些特殊动力过程将沉积物颗粒带进浮冰和上层积雪中，由此形成的"灰雪"中经常会出现雪藻富集现象。

同样，积雪中发现的后生动物也属于营水生生活种类，主要是桡足类、枝角类、蠕虫等。它们的生存和繁殖也依赖于液态水而存在。积雪中初级生产力和有机物含量较低决定了这些后生动物的丰度较低，因此对它们的研究也相对缺乏。由于缺乏对其生活史的认知，还无法肯定它们是专性生活在积雪中，还是在特定阶段被水交换等物理过程从海水或海冰带入积雪中。

2. 冰上积雪的生态作用

从上面的叙述可以看出，海冰上的积雪完全可以被看作是一个独立的生态系统，但是其结构和功能的维持在很大程度上依赖于海冰、大气，甚至冰下海水的相互作用。与其支持的生物生产力相比，积雪对海冰和海洋生态系统的影响更加重要。

积雪对海冰的直接作用是它把海冰和大气隔离开来，对海冰有保温的作用（Massom et al.，1997），其厚度影响着海冰凝结与消融的速率和时间。另外，积雪的重力负载使得更多海水从内部孔隙溢出，给冰雪界面处带来更多的营养盐、微藻和其他微型生物，也形成了藻类群落的生产力外溢。如果积雪因风的作用聚集形成雪脊，这种作用就会越发明显。积雪间接影响海冰的微结构、盐度和渗透性，这些又决定了海冰中营养盐的传输通量和生物的生存空间。

积雪对海冰中和海冰下水体中的生物生产过程的作用主要是通过降低入射太阳光的强度和改变光谱组成而实现的。同时，融化后的淡水输入使得海水混合层的稳定性增强，从而不利于营养盐向上传输。因为入射太阳光的衰减与积雪厚度呈指数关系，所以厚度很小的变化也会对光强产生重大的影响。当然，这种阻碍作用也适用于有害的紫外线辐射，积雪能够显著降低其入射到海冰和上层海洋中的强度。

大气中气溶胶能够沉降到积雪中，对于极地海域严重缺乏的铁元素累积尤其重要。尽管其绝对量可能微乎其微，但其通过溶解释放到上层水体中后，在一些海域如南大洋陆架区，足以激发浮游植物群落产生正面响应。积雪的作用在于将这些物质进行累积和生物转化，待到积雪融化时集中释放到海水中，保证春夏季水体浮游植物水华的进行。

通过影响浮游植物初级生产力，积雪还能产生更加深远的影响。首先，积雪中雪藻的色素能够显著降低其反照率，从而加速积雪消融。其次，积雪能间接影响冰藻群落向大气中施放的二甲基巯基丙酸内盐（DMSP）的量。后者氧化形成的二甲基硫（DMS）是海洋中最重要的挥发性生源硫化物，DMS 进入大气后的氧化产物对全球气候变化和酸雨的形成具有重要影响。由此可知，海冰和积雪的分布状况的显著改变能够驱动冰藻的生产和分布，并且通过这一负反馈机制影响气候。

5.1.2　海冰

在隔断海气交换和太阳光入射的作用上，极地的海冰与其上面的积雪类似，这里不再赘述。但是作为地球上最大的生态系统之一，海冰对整个极地海洋生态系统物质循环和能量流动的贡献要比积雪大得多。极地海域全年海冰覆盖的面积为 $15 \times 10^6 \sim 22 \times 10^6 \, \text{km}^2$，相当于地球表面积的 3.9%～4.3%或者海洋总面积的 4.1%～6.1%。

1. 海冰生境

1）海冰的结构

要理解海冰生境的特征，必须首先了解海冰的结构。海冰种类繁多，对应的物理性质也各不相同，可以从冰龄、形成过程和形成环境等多个角度对海冰进行分类，如新生冰、一年冰、多年冰、冰脊和雪冰等。

从海冰结构上看，内部卤水通道是其可以作为生物生存环境的重要因素。海冰不同于淡水冰，其内部存在空隙或者通道的根本原因在于其凝结过程中有海水封闭其中，凝结过程中的析盐作用使得这些海水的盐度越来越高，而冰点逐步降低，凝结难度逐渐加大。随着海水持续冻结，其中的海水也会顺着海冰中的卤水通道排放到水体中。只要卤水体积足够大，就能够保证这些通道的连通性，盐水的排放就会持续。最终当年冰的整体盐度会降低到5～8的水平，多年冰因为排盐水的时间更长，最终的盐度只有 1 左右。然而，当卤水体积降低到 5%以下时，这些卤水通道就会相互隔离，排盐的能力也显著降低。如果在这一过程中，微生物活动产生的胞外多糖浓度足够高，也会阻碍卤水顺着通道排出。

海冰最上面的细粒层是海水快速冻结生长的粒状晶体。它们一开始通过水平方向上的扩散形成一个连续的冰层。然后，随着海洋热量的持续散失，冰晶体开始垂直向下生长和扩散。由于冰生长速率降低，晶体有足够的时间生长，但同时冰晶体的侧边逐渐被其他晶体占据，其只能沿垂直方向向下生长，形成柱状晶体层。位于冰水界面上的是骨架层一般在海冰厚度达到几厘米的水平就开始形成。这一层由垂直向下的 10～20mm 长的脊状突起组成，它们虽然在基部是愈合在一起的，但独立地向下生长会在顶部形成 <1mm 的空隙。只要海冰生长继续，底部的骨架层就会一直存在。这里通常是冰底生物群落的主要生境。

从海冰的形成方式上看，深海区的海冰中更容易带入海水中的颗粒物质和微藻。这里比较强烈的风生垂直混合作用会使得上层几十米厚度的水体同步达到冰点。在这种过冷却的条件下，冰晶体会在不同深度同步生成，由于是在海水中而不是在海气界面生成，因此它们在形态上更像是冰屑。强烈的垂直混合也抵消了浮力的作用，使它们能够在水体中存在一定的时间，直到混合减弱到无法克服浮力的时候，它们才会上升到表层，上升的过程中也不可避免地黏附了海水中的微藻细胞。到表层之后，它们先是聚合成半冻结态的油脂状冰，接下来才成为饼状的坚冰。这种类型的海冰早期渗透性很强，海水含量也比初生的冻结冰高。

积雪可以直接转化成雪冰，其作为生境的适宜性与其形成过程有关。如果积雪表面部分融化，融水迁移到晶体转化的部位并且再冻结，就会形成多边形晶体的雪冰。在另一种情况下，如果积雪的重量使得海冰的吃水线下沉过多，或者承载积雪的冰层发生断裂，上涌的海水被晶体转变成的积雪吸收，再冻结之后也能成为多边形晶体冰。二者的区别是冰内盐度有明显差异。因积雪融化再冻结形成的雪冰盐度接近 0，其中的卤水通道和营养物质含量无疑明显低于正常海冰；而因海水上涌形成的雪冰盐度一般较高，有时甚至高于其下正常生长的冰，所以其更加适合生物生存。

同样，如果海冰在形成过程中因外力作用发生破碎，之后在热力学作用下，海冰能再次冻结成为固结的重叠冰、冰脊等。这些海冰表面经过改造看上去平整，在晶体和组构上仍然能发现其与纯热力学生长冰的差异。一般而言，破碎冰块之间的水体再冻结，表现为杂乱的粒状晶体，同时会造成冰内盐度、密度分布的不规则性，适合生物生存的程度也各有不同。

南极周边海域还有一种小盘状凝结冰，其是在悬浮冰架附近海冰下面形成的半冻结态的一层。当海流驱动海水进入冰架下方时，压力的增加使海水在一个绝热的条件下变暖，多余的热量只能沿着冰架向外传导，直至热量平衡。一旦这些海水从冰架下方退出，压力降低使得它们变成过度冷却的状态，从而形成冰晶体，并且能生长到直径 10cm、厚度 2~3mm 的一层。最终，这些小盘状凝结冰会上升到海表面，停留在海表冰盖的下面，聚合成 0.1~2.0m 厚的一层半刚性冰甸。它的特点是高通透性，因为其中只有 20%的海冰，其余 80%的体积是海水，更适合生物生存。

2）生境类型

冰内生境　海冰中最不适合作为微生物生境的就是相对固态、形态不定的冰层内部。尽管这里接收到的光照足够进行光合作用，但通常非常冷，而且卤水通道中盐度太高不适合微藻生长。另外，这些冰层内部卤水体积较小，限制了与下层水体的营养盐交换。

只有在温暖的春季，卤水盐度下降并且体积增加到临界点后，营养盐交换和净微藻生产才成为可能。然而，在浮冰的边缘和裂开处附近，海水经常能够渗透到冰层内部，在吃水线附近产生一个营养盐快速补充的断层，也能推动海冰内部发育一个丰富的微生物群落（经常被称作渗透群落）。内部微生物群落也可以在海冰堆积或者隆起时形成的不规则空隙内发育。这些生境在南极比较普遍，到最终融化前一般能持续几周的时间。

冰底生境　底层冰通常是海冰中生物生产力最高的生境，因为不管什么类型的冰，这一层都与海水相接，便于营养盐吸收，同时其温度和盐度变化也较为温和。冰藻主要聚集在底层5～10cm的薄层内，大体相当于骨架层的位置，这里在海冰生长期因为堆积和排盐作用产生的海水对流保证了营养盐供给。在距离冰水界面更远一点的地方，微生物群落聚集在无数卤水通道内部和周边，这些通道是上层的卤水向下传输的途径，通常其底层体积更大，因此其为微型生物的生长提供了足够的空间和营养盐，也更有利于阳光下射。

延伸生境　还有一类冰藻，主要是链状硅藻[如北冰洋的北极直链藻（*Melosira arctica*）和南大洋的 *Berkeleya Antarctica*]以海冰底部为附着基，向下悬浮在海水中。它们一般吸附在冰底形成的向上凹陷的空穴内，向海水中生长的长度可以超过1m。对于这类冰藻而言，它们直接吸收海水中营养盐，完全不受冰水营养盐交换的影响。因此，它们一方面可以达到极高的生物量，另一方面也可以被海水中的生物摄食。这类冰藻在生态学还有一个更加重要的意义，它们是春季有机物垂直通量的主要来源，不仅能沉降到海水中，在浅水区甚至直达海底，而且能为底栖动物提供食物来源。当冰底开始融化，它们就会因失去附着基而与冰脱离并下沉，聚集和链状生长的特性使得它们通常以团絮状下沉，沉降速率较快，在完全被水体生物摄食前可以达到很深的位置。已经有研究表明，这类冰藻是极地海洋垂直碳通量的主要来源。

2. 海冰环境要素特征

海冰横隔在海水和空气之间，因此它的理化性质是由上层大气环境和形成海冰的海水性质，以及生物活动共同决定的。通过对海冰形成过程的描述，可以想象环境的细微改变会导致海冰结构和物理性质的差异，因此这里主要包括和生物活动关系紧密的要素。其中，盐度在上面已经有所涉及，此处不再赘述。

温度　在最理想的状态下，即海冰上没有积雪且其结构上下均一，那么它的温度是由大气和海水温度共同决定的。在热力学平衡状态下，冰-气界面接近大气温度，冰-水界面接近海水冰点温度，中间呈线性变化。虽然这种理想状态在自然界极少存在，但可以帮助理解海冰温度变化的趋势，以及影响海冰温度的主要因素。一方面，海冰温度和表底温差的确是随大气和海水温度变化的。因为冰下海水温度波动幅度远小于大气温度的变化，冰底温度相对更加稳定，海冰表底温差主要是海冰表层温度变化造成的。秋季，表层冰温随着冰上气温的下降而下降，春季其随着气温的升高而升高。冬季大气和海水温差最大时海冰表底温差也最大。另一方面，积雪的存在和海冰结构的不均一性对冰温有重要的影响。积雪有绝热作用，由于海冰存续期水温一般是高于气温的，冰内的热传导作用使得冰表温度会高于气温，而且积雪越厚冰体中的垂直方向温差越小。积雪的存在还会降低到达海冰表面和进入冰层内部的太阳短波辐射。海冰结构对冰温的影响主要在于内部卤水的潜热效应和冰水相变时吸收或释放的潜热。

海冰光学　光是海冰生物群落必需的环境因素，也是海冰中的光合生物生长过程中最容易受到限制的因子，这一点可以从春季冰间卤水中经常具有较高的营养盐浓度上得到验证。影响海冰光穿透和衰减的因素主要来自两个方面：首先，海冰和其上覆盖的积雪的反照率。一般来讲，积雪中的光衰减比海冰要强一个数量级，而海冰又比海水强一个数量级。雪是散射能力最强的介质，积雪覆盖的海冰反照率经常会大于 0.8。湿雪由于含水量高而具有海冰的属性，因此相对于干雪反射能力要弱很多。通常积雪覆盖的海冰中，光很难到达雪下 1m 的地方，因此支持的生物量非常有限。然而，冰雪也能强烈吸收有害的紫外线辐射（UVB），尤其是 280～320nm 波段的 UVB，这可能对冰下的微藻和水体中的无脊椎动物幼体有益。其次，如果海冰中存在颗粒物质，那么光吸收能力也会进一步增强。这些颗粒物质可能是积雪中的大气飘尘、海冰中含有的沉积物颗粒或者生活在其中的微藻。光合生物吸收太阳辐射的能力尤其强，如果这些生物群落能够达到极高的丰度，那么它们几乎可以吸收全部的入射光，这样就会对海冰底部产生暖化作用，导致海冰提前融化。

生源气体　冰内气体不仅具有生态学作用，也可以影响海冰的光学属性（反照率）和温室气体的交换通量，针对它的系统研究可以追溯到 20 世纪 60 年代。总的来讲，海冰内的气体可以溶解在海水中也可以是独立的气泡，因此传统上多数研究者倾向于认为海冰的存在阻碍了气体交换。这些气体/气泡一部分是在海冰形成过程中进入的。细粒冰形成过程中会有卤水和气泡包含其中，骨架层脊状突起愈合过程中也有气泡和卤水被包埋进柱状层。当冰底接近底层沉积物时，沉积物遇冷的脱气作用会使得上述包埋作用更加强烈。即便是几乎不含卤水的雪冰，其中也会有气泡。除此之外，气体也可以在海冰形成以后再进入，也可以通过卤水通道系统进入，或者是气泡的迁移，也可能是生物活动产生的。

CO_2 是最重要的温室气体，同时也是生物光合作用的原料和呼吸作用的产物。极地海域的"生物泵"作用机制与中低纬度地区一样，浮游植物通过光合作用过程吸收营养盐和 CO_2，其生产的有机碳一部分通过食物链在上层大洋循环，一部分沉降到海底（这个过程中碳大部分再矿化成为 CO_2，只有一小部分被埋藏到海底的沉积物中）。但是，"溶解泵"却复杂得多，这主要是由于海冰的存在。然而，最近的研究表明，海冰本身的化学和物理过程对海表面的 CO_2 分压有重要的调控作用。在海冰形成过程中，结晶态碳酸盐的存在显著提高了冰间卤水的 CO_2 浓度，所以在海冰消融期能够提升海-气界面的 CO_2 吸收。在北极，初步估算这一"海冰泵"可以吸收的 CO_2 通量为 14～31 Tg C/a。海冰中的氧气更像是净生物生产力的指示剂，因为氧气是可以通过光合作用产生的，除了外源输入还能在冰内生成。简单来说，冰内氧浓度在低温条件下更符合溶解和热力学平衡，因为这主要受物理溶解过程的控制；而随着冰内卤水变暖，氧浓度经常处于过饱和的状态，其指示了光合作用对总含氧量的贡献。和空气中一样，冰内的氮气含量是最高的。虽然有证据表明，冰内微生物活动具有反硝化和厌氧氨氧化作用，但是对氮气浓度的影响还没有到可测量的程度。因此，氮气和氩气一起，经常在研究海冰气体时作为稳定的参比气体被使用。

营养盐 与气体类似，如果生物新陈代谢产生的营养盐作为存量循环而不是增量来看的话，海冰中的营养盐也有大气和海水两种输入途径。大气飘尘不管是直接沉降到海冰表面还是由积雪传递而来，都会带来外源物质。其中，常规营养盐相对较少，而铁等痕量元素相对较多，海冰融化后它们就能够被海冰甚至水体生物群落利用。同样与气体类似，海水来源的营养盐可以是海冰在形成过程中包含其中，也可以是后来进入的。如果没有生物活动，那么卤水中的营养盐浓度的变化趋势应该和盐度是一致的。也就是说，虽然整体上海冰营养盐浓度低于海水，但是在冰间卤水仍然可以达到很高的浓度，而且海冰表层因为脱盐作用更强，盐度和营养盐浓度也可能高于底层。

观测的结果也证实，海冰形成之后也会有营养盐进入，大体有三种情况。随着脱盐过程中高密度卤水被排出海冰，体积近似的新鲜海水会填充进来，带来新的营养盐。海水上涌（南大洋有 15%～30%的浮冰受其影响）也会给海冰表面带来营养盐补充，并逐渐渗透到海冰内部。如果上涌发生在温度较低且有积雪覆盖的浮冰上，浸泡过的积雪会结冰并析出盐分，逐级传递到海冰中。另外，一旦海冰在春季变成几乎是等温的，它内部卤水体积会急剧增加，海冰的渗透性会随之增加，潮汐和其他水文过程也会带来更多的营养盐。

除了来源的复杂性，生物活动的存在也是营养盐浓度和盐度失去关联性的重要原因。微藻的光合作用会降低营养盐浓度，而微生物的分解作用和所有生物的新陈代谢都会增加其浓度。这种影响不仅体现在营养盐浓度上，而且也会体现在其组成上，因为生物再生的无机氮营养盐多数以铵盐为主，与海水中以硝酸盐占优势有所不同。

生源物质 前面论述的环境因子对于光合自养生物而言已经足够，但是对于异养生物还要考虑其他有机物来源。海洋生态系统相对于陆地生态系统的一个重要特点就是溶解态有机物支持的微食物环的存在。在远离陆地的海域，胞外多糖是海冰中最主要的生源物质，其由硅藻或者微生物产生，而且在海冰中的浓度要远高于海水中。海冰硅藻产生胞外多糖的速率比较快，原因在于胞外多糖不仅是初级生产的一部分，更是适应光限制和冬季生存的一个优势条件。光合作用产物以胞外多糖等形式释放到海冰中的比例随着光限制的增强而升高，这主要是光呼吸的缘故，高胞外氧浓度有利于二磷酸核酮糖氧合酶/羧化酶氧化形成碳循环中间体。光呼吸的产物包括小分子量的化合物，如乙醇酸酯。因此，海冰中的胞外多糖浓度与颗粒有机碳和叶绿素 a 浓度呈正相关也就很容易理解了。

在寒冷、黑暗等不利条件下，海洋硅藻也能利用胞外多糖维持生存。

海冰中胞外多糖的高浓度首先支持了高浓度的代谢活跃的细菌的存在，它们以此为能量来源。通过这种渠道，胞外多糖能加速海冰内部的生物地球化学循环和营养盐再生。有趣的是，细菌也会产生胞外多糖并黏附在固体海冰表面以适应极端环境。胞外多糖不同于海冰的光学和热力学属性，它还可以改变海冰的形貌，主要通过降低卤水通道的比例和增加卤水孔穴的复杂性来实现。海冰结构改变的最终结果是更加适合微生物群落的生长，从这一点可知胞外多糖也是长期进化形成的一种适应极端环境的产物。

污染物　虽然多数海冰分布在远离人类活动的区域，但是人为污染物的存在已经得到证实。六氯环己烷是一种杀虫剂的副产物，其在加拿大附近的海冰中明显比海水中富集程度更高。氟氯碳化合物也容易在海冰中富集。目前，还没有充足的证据判定这部分污染物是随大气还是径流进入海冰的，抑或是生物富集的结果，而且也没有迹象显示它们已经严重影响到海冰生物的生存和繁殖，但是从污染物全球尺度的迁移转化规律上讲是很值得关注的。

3. 海冰生态系统

冰藻是海冰中主要的初级生产者。尽管这部分初级生产量有一部分进入海冰食物网，但很大一部分通过水体生物的摄食直接进入海洋食物网。在海冰食物网中传递的物质和能量最终也会随着海冰融化而进入水体食物网中。在北冰洋，冰藻对总初级生产力的贡献率为 3%~25%，在高纬度低生产力区这一比例可以高达 50%~57%（Gosselin et al.，1997）。南大洋受海冰影响的区域内的初级生产量为 63~70 Tg C/a，约占到年度总量的5%（Lizotte，2001）。

尽管在某些海域冰藻对初级生产量的贡献并不高，但是它们经常是在海冰底界面或者内部高密度集中存在的。在南大洋，海冰中以叶绿素 a 浓度表示的浮游植物的生物量可以达到 1000 mg/L，而在表层海水中通常只有 0~5 mg/L。极地海洋生态系统的食物网结构也是围绕冰藻这种独特的生态特征形成的。南大洋生态系统大磷虾的生物量为 3亿~10 亿 t，它们就是春季冰藻最主要的消费者，也是鱼类、鲸、企鹅、海豹等的主要食物来源。在楚科奇海，冰藻生物量无法被浮游动物全部摄食而大量沉降到海底，这是该海域底栖食物链占据主导的主要原因。

海冰作为一种生境类型，对于其中能够适应低温和盐度变异的生物而言，最重要的决定因素就是其中的空隙和液态水。这一点与积雪生境相似，也是海冰与淡水冰的主要差别。现在已知海冰可以作为很多生物，尤其是微型生物生存的生境，主要原因就在于其复杂的结构。海冰中高密度的冰藻也支持了高丰度的异养原生动物和后生动物，其在海冰中的栖息密度能够达到每升成百上千的水平，这要比水体中的栖息密度高出几个数量级。但是，冰藻受到冰孔隙的限制，即便后生动物也是体型较小的种类（Krembs et al.，2000）。

5.1.3　融池

1. 融池生境

相对于海冰严苛的生存环境，冰上融池无疑是生物难得一遇的"乐土"，尽管在条件上仍然无法与海洋相比。在春、夏季海冰开始融化时，融水会在海冰上积聚成可见的水体，通常称作融池。对于海冰上的融池而言，不仅多年冰上会出现融池，当年冰上也有大量的融池。这种形成机制决定了融池的基本特征：①融池水可能是雪水，也可能是冰水，或者是二者的混合体，但无论如何多数属于淡水，其盐度一般不会超过海冰和积雪的平均盐度水平。②由于是融水积聚而成，因此其体积和性状是不规则的，会因地因时而异。积雪的厚度和堆积程度、海冰的年龄和结构等因素都会影响融池的形貌，甚至影响融池水的盐度。③融池只是出现的季节性现象，只在春夏季气温和光照增强时随冰雪融化出现，即便能持续到秋冬季，也会随着气温降低而再次凝结成冰。④融池不仅出现在海冰上，而且陆地冰川和冰架表面也会形成融池。融池既会在表面形成，内部融化也会形成冰下融池。

2. 融池的生态作用

融池内的生存空间和光照不再像冰内一样受到严重抑制，融池内的营养盐供给会更有保障。考虑到融池出现时海冰的细部结构已经发生重大变化，冰上融池或多或少都会与海水发生水交换。海冰的局部消融会使其渗透性增加，融池水可以通过底部海冰中的微细渗透通道与海水发生交换作用；当海冰融化加剧或者受其他物理作用影响时，海冰也会形成完全贯通的大型交换通道（图 5.1）。

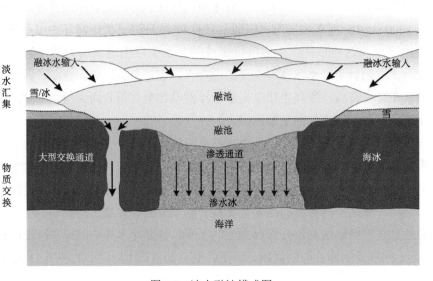

图 5.1　冰上融池模式图

　　然而，融池的作用远不止增加生物生产这一项。从光学影像上，融池的颜色总是比周围的冰深一些，这是因为液态水吸收的光更多一些，而固态冰反射的光更多一些。尽管融池和海冰的反照率并不是固定的，但一般来讲，融池的反照率可以低至 0.15，而海冰在高的时候有 0.80。考虑到目前情况，以北极为例的夏季融池面积可以占到海冰总面积的一半以上，这种光学属性的变化能够对地球表面的辐射平衡产生至关重要的影响。反照率的降低能够加速海冰消融，说明全球变暖对海冰消退有正反馈作用。

　　目前，融池和融冰面积的关系已经用到模型中，根据春季融池面积预报夏季北冰洋最小覆盖面积（Schröder et al.，2014）。研究发现，两者之间存在显著的相关关系，即低反照率导致更多融冰，更多融冰增加了融池面积。这一正反馈过程可以在一定程度上解释最近 20 年来北极海冰消退的加速，回答了为什么气温升高没有明显加速但 9 月的最小海冰覆盖面积却屡创新低。

　　融池加速夏季海冰融化的另一个作用机制在于海水上涌。一是夏季的表层海水温度可能高于融池水，二是盐度的增加也会降低融池水的冰点。陆地冰架融池虽然不存在类似海水上涌的情况，但是淡水会沿着冰中的缝隙和孔穴向下流，直至冰底的岩石层。一旦这种情况出现，下渗的融池水就起到类似冰架和陆地岩石层之间的润滑剂的作用，加速陆地冰架断裂和滑入海洋的过程。

　　到了秋季海冰开始重新形成时，冰上的融池就反过来成为一个显著的"减速器"。根据融池结冰过程，首先是表层先凝固，这样就形成了一个盖子，和原来四周的海冰一起把融池中剩余未结冰的水包围起来。虽然表层结成的冰使得反照率恢复到较高的水平，但是剩余的水由液态变成固态的相变过程中会逐渐释放潜热，由于此时水汽的热交换已经被隔断，因此显著降低了这部分水结冰的速率。如果这部分融池水含盐量较高，那么海冰生长的速率就会进一步降低。首先含盐水的凝固点温度更低，其次在由液态变成固态的相变过程中释放的潜热也更多。对于整个北冰洋而言，海冰生长评估模型中如果不考虑融池的影响，评估结果两个月内高估可以达到 265 km^3 的水平，也就相当于整体高估了 1/4。

　　融池的生态效应主要来自水由固态变成液态导致的物理性质改变，简单地说，就是反照率的降低。相对于冰雪反射了大部分的入射太阳光，融池的存在使得更多的太阳光被海冰和上层海水吸收。因此，融池的主要作用就是使得整个冰雪生态系统吸收了更多的太阳光能，考虑到光是极端环境中生物生产的主要限制因子，那么融池也会增加整个生态系统的生物生产能力。增加的光吸收可能被融池生态系统利用，也可能因为海冰透光率的增加而入射到上层海洋中，被海水和海冰中的生物吸收。

　　融池的另一个作用是通过融池、海冰和上层海洋之间的水交换，打通了三者之间营养物质和生物交换的通道，从而使营养物质和生物能够悬浮在水体中并随之自由移动，增加了生物的生存空间和获得资源的能力。对于光合藻类而言，通过繁殖和种群扩散充分利用水体中溶解态营养盐；对于异养原生动物而言，它们与食物（细菌和单细胞藻类）

接触的机会更多；对于体型相对较大的后生动物而言，有足够的空间通过运动进行捕食。

3. 融池相关的生态过程

融池水华　融池水华，顾名思义就是融池中浮游植物大量繁殖的自然过程。融池通常被当作贫营养的水体对待，因为其中的无机营养盐主要来自冰雪，而后者又主要依靠大气沉降进行营养补充，补偿的总量受到极大的限制。总体上，开放的冰上融池营养盐浓度要低于封闭的冰下融池，而后者与周边海水浓度更为相近。在一项研究中，加拿大海盆冰上融池的叶绿素 *a* 浓度为 0.1～2.9 mg/m³，在北冰洋中心区其范围为 0.1～0.3 mg/m³。据此推断，虽然整个北冰洋冰上融池面积可以占到海冰面积的一半以上，但年初级生产力大约为 0.67 g C/m³，所有融池的年固碳能力大约为 2.6 Tg C，不到北冰洋年总固碳能力的 1%。

然而，一旦营养充足，融池就会出现生物大量繁殖，也的确有类似的观测事实。在中国第六次北极考察中，2014 年夏季在加拿大海盆的浮冰融池中，观测到叶绿素 *a* 浓度高达 15.32 mg/L，占优势的是一种绿藻——*Carteria lunzensis*，细胞丰度达到 15.49×10⁶ cells/L（Lin et al.，2016）。也就是说，融池水体相对于固态海冰是更适合生物生长和繁殖的生境，只是通常融池的生物生产力受到营养盐供给的限制。

与冰底相似，融池底部的冰上也会有黏附冰藻群落，已经有研究表明，这一群落可以支持复杂的融池食物网。与冰底硅藻群落不同的是，这里生长的更多是喜淡水环境的链状硅藻，受重力作用影响其不会向上部水体延伸，而主要以更加紧密的"硅藻甸"的形式存在。

冰下水华　冰下也会发生浮游植物大量繁殖的现象。2011 年，有学者在楚科奇海的当年冰下发现了生物量很高的冰下浮游植物水华，而在之前的认知中，这里的初级生产力水平应该是很低的。据此推测，海冰变薄、融化和冰上融池的出现都可以通过增加太阳光入射到海水中的总辐射量而起到类似的效果。研究表明，冰上融池可能在其中起了重要作用。以当年环境基础为模拟条件，冰上融池面积占到海冰总面积 10%时，穿过海冰的太阳光就足够支持冰下遮光条件下的浮游植物生长。当该比例上升到 20%时，模拟出的初级生产力水平就基本与当年的观测结果一致（Palmer et al.，2014）

生物多样性增加　融池的食物网结构和群落多样性可能还达不到海洋生态系统的水平，但相对于海冰和淡水湖泊生态系统要复杂得多。麦克莫多冰架上的 20 个融池中发现了细菌和硅藻甸支持的高生产力群落，其中还有大量细菌和微藻食性的纤毛虫（James et al.，1995）。

增加多年冰营养物质含量　融池，不管是冰上还是冰下，再次冻结时都会影响到海冰的表面形貌和内部结构。当然，这一过程只能发生在多年冰上。如果融池存续期持续到冬季，就会随着当年冰的形成再次冻结。即便是冰上融池，也是表面先结冰，这样就形成了冰内部的较大水体，且其中包含了当年春夏季光合作用形成的有机物质。这部分

冰具备了淡水冰的特征，更加致密和光滑。其内部水体的存在也会使得内部空隙和管道系统空间更大，加上较高的颗粒有机物含量，其更加适合大型生物栖息和生活。冰下融池也有类似特征。

5.1.4 冰山

1. 冰山生境

冰山来自陆地冰架或者冰川，单纯作为一种生物生存环境类型而言，其基本环境要素与海冰是一样的。它内部同样有空隙和生物活动。陆地积雪最早形成冰时，其中有空气和来自大气沉降的其他物质。后期形成多晶冰后，冰颗粒之间也有液态水存在，其中有溶解后的离子态营养盐以及微生物。空气也可以一直埋藏在冰架中，目前并不清楚空气埋藏对生物生存的意义，但是可以用来研究冰芯中二氧化碳浓度的历史变化。

冰山不同于海冰，其中的气体、营养盐和颗粒物质等都来自大气，没有卤水等海水的影响。冰山另外一个特点就是厚度大，高度会达到百米以上，远超海冰的厚度。即便如此大的厚度，冰山在冰架深部也是有生物活动的。冰芯叶绿素自荧光强度数据显示，在深度1000m以下仍然有自养生物活动（图5.2），另外在冰芯中也有细菌存在，其中的生物都会随着冰山融化最终进入海洋。

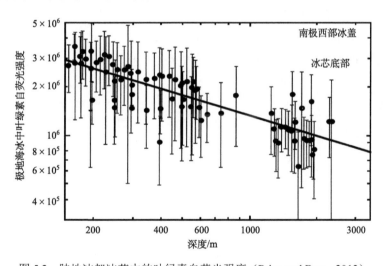

图5.2　陆地冰架冰芯中的叶绿素自荧光强度（Price and Bay，2012）

冰山中的生物和环境要素在受到海水侵蚀之前，仍然会保持原有的样貌和态势。陆架冰中的生物以超微型的原核生物为主。因为其中空隙的大小一般不会超过几微米，所以真核生物一般极少存在于陆架冰（冰山）中。其中，自养生物主要是原绿球藻和聚球藻属微微型藻类，细菌则包含异养和化能自养种类。前者以有机质为营养来源，后者则借助于 CO_2 和 CH_4 的氧化还原反应生成有机物。但无论何种生物，其生物量都是极低的。

2. 冰山的生态效应

淡水输入　冰山是指从冰川或极地冰盖临海一端破裂落入海中漂浮的大块淡水冰，它们在海里漂浮，尤其是在向温带漂移的过程中会逐渐融化，将大量的淡水释放到海水中。广义上的冰山包括：小型的破碎冰山——最大长度<5m 的碎冰山和最大长度<15m 的小冰山；平面状的大型冰山，最大长度可以超过 300km。多数的冰山最大长度为 60～2200m，厚度为 150～550m。大型冰山融化可能会影响全球海平面高度。一些研究人员估计，如果拉森 C 冰架后方的冰川全部进入海洋，全球海平面可能上升 10cm。南极的冰如果全部融化，或者哪怕全部漂入大海，将会导致海平面上升 60m。

刮擦作用　冰山从冰架向海洋滑落的过程中，在浅水区无法漂浮，在依靠重力移动的过程中会对底栖环境造成极大的物理伤害。冰山的刮擦能够直接对大型底栖动物造成伤害，即便是具有钙质坚硬外壳的软体动物也无法幸免，南极半岛 Hangar Cove 的双壳类软体动物中有 74.2%的外壳受到损伤。在群落水平上，这种刮擦作用能够降低底栖腐食动物的丰度和多样性，降低的程度随水深增加而降低，随冰山过境频率的增加而增大。这是因为在浅水区大型和小型冰山过境都会有明显的刮擦作用，而在深水区小型冰山无法形成刮擦作用。

刮擦作用还会在生态系统水平上产生影响，直接影响底栖动物群落的生产力，并间接影响其作为海底"蓝碳"碳汇的强度。

漂浮冰山周边生态系统　冰山进入海洋后，冰山在漂浮过程中除了自身改变，也会改变海洋环境（图 5.3）。虽然漂浮的冰山体积庞大，但目前研究者对于它们对周边浮游

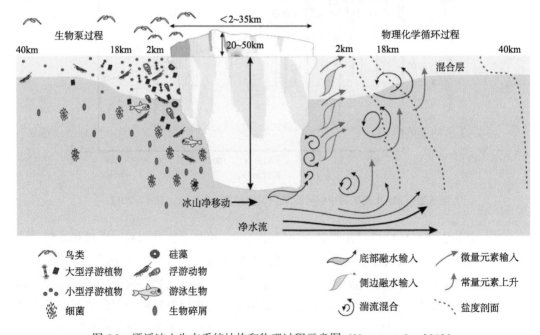

图 5.3　漂浮冰山生态系统结构和物理过程示意图（Vernet et al.，2012）

（海洋表层）生态系统的影响却知之甚少。零星的观测显示，它们对周边水体中的生物和化学过程的作用可正可负。当它们静止在沿岸区域时，超大型的冰山（～10000 km²）连同附着在上面的生物群落，可能因为遮挡光线而降低表层水体的初级生产力水平。小型的漂浮冰山因为挟带陆源营养盐，在融化的过程中会伴随叶绿素浓度的升高。但是对后生动物，两者都有聚集的作用。在威德尔海，冰山下声学探测的回声强度是周边海水的两倍，反射声波的物体一般被认为是浮游动物或者小型游泳生物。

目前，关于漂浮冰山生态系统的研究集中在南极海域，一是因为这里陆架冰盖面积大，形成冰山的频率高、数量多；二是南大洋海域铁营养盐限制明显，而陆架冰山中含有较多的铁元素。铁的施肥作用，加上冰山周边湍流混合对营养盐的输送，使冰山周围浮游植物的丰度比较高。冰山周边夏季浮游植物的铁螯合物的浓度比较高，可以证明来自陆源物质的输入作用。另外，冰山的表面（水下部分）像海冰和融池底部一样，也可以作为冰藻的附着基，形成明显的硅藻甸。虽然冰山会逐渐消融，但山体会存在数年之久（最大的 B15 冰山已经存在了 18 年），附着的总生物量不容小觑。

对威德尔海的两座漂浮冰山的研究表明，周边水体中生物的聚集分布十分明显。在1km 范围内，微型浮游植物（>20 μm）占到总生物量的一半左右，而 3km 以外其占比降低到只有两成，而微微型浮游植物比例显著上升，尤其是当水下冰脊中挟带火山岩碎片时，以 *Biddulphia aff. punctata* 为主的硅藻大量附着生长，附近异养的纤毛虫和放射虫等丰度也明显增加。这些硅藻群落最低可以分布到水下 60m，幼鱼和多毛类生物也大量出现在其附近。大型浮游动物（主要是大磷虾）和游泳动物的丰度在冰山周围 3.7m 半径内极高，在此范围之外则逐渐降低到一般海水环境的背景值。

冰山还有一个重要的栖息者是鸟类。在冰山附近 1km 范围内，鸟类的密度更高而群落的均匀度更低。海角海燕、南极浮雕、风暴海燕等都能栖息在冰山上。

5.1.5　冰架和冰架海腔

1. 冰架和冰架海腔生境

冰架是冰盖前端延伸到海洋上部的冰体，是陆地冰体在重力驱动下不断从触地线向海洋移动的结果。因此，冰架与周围基岩形成了一个水平开口的巨大洞穴，其被海水填充，一般称作冰架海腔。海水上部冰架的厚度可以高达百米，海腔的水平跨度则可以达到数百千米。

虽然海腔内的水与外海是连通的，但由于单向开口，水的流速一般不会太快。因为对海腔，尤其是对超大型海腔的观测较少，无法给出一个通行的流速公式。麦克默多冰架东侧曾经记录到平均 0.09 m/s 的东南向流。尽管其他地方的平均流速可能数倍于此，但可以肯定的是，流速与深入海腔的距离是有关的。粗略地估计，麦克默多冰架海腔内水平输运 80km 可能需要 10 天的时间，而罗斯冰架海腔内海水的滞留时间可能在几个月到几年的水平上。

　　水交换不畅决定了海腔内水体的温度和盐度有高度的垂向均一性,只在表层极浅处,受冰体影响,有一个明显的温度和盐度跃层。以麦克默多冰架下水体为例,在水深 5m 处有一个温度、盐度跃层,表层的温度可以达到 0℃以上,盐度接近 0,而跃层以下盐度稳定在 33 以上,温度则低于–1.5℃。

　　冰架的厚度决定了海腔内基本是一个无光的环境,冰架边缘会有侧向进入的太阳辐射。尽管这里可能营养盐供应充足,但冰-水界面并不会形成像海冰和漂浮冰山界面上那样的硅藻匐,海水中也基本上没有初级生产力,有机营养物质完全靠海水从外部输运。因此,下面我们将主要介绍海腔内的生物和生态系统。

2. 冰架海腔的生物和生态系统

　　由于海腔深处是人类无法到达的,因此目前对这一生态系统的认知只能来自两种渠道:一种是以水下机器人为代表的自动观测设备,其可以远程进入海腔并带回图像和生物样品。需要指出的是,即便自动观测也是相当困难的,因为冰架会阻挡卫星信号,远程水下机器人的定位会出现问题。另一种是直接的观测,只能等到冰架断裂,冰架下生境重新暴露,才可以通过常规的船基设备进行调查和研究。当然,这一时间窗口期也不会太长,否则生物群落就会发生重大演替。

　　海腔生境无光的特征最可平行类比的是深海生境和其中的生物群落。早在 1977 年,就在罗斯冰架下 430km 的深处发现了鱼类和端足类甲壳动物。但是后来的研究却发现这里的生物多样性要比想象的高得多。在麦克默多冰架下 188m、距冰缘 80km 处,大型底栖动物种类较多。软泥底质中主要是多毛类和棘皮动物蛇尾,硬底质上则有共生蓝藻的软珊瑚和另外的刺胞动物海葵。此外,深海生物中常见的捕食器官退化(大的口和锋利的牙齿)和视觉器官退化在海腔生物中也不是十分普遍。虽然目前还无法完全解释其原因,但大致可以从食物来源进行推断。尽管食物都来自外部输送,但海腔内的水平输送带来的食物多样化程度较高,微型的单细胞藻类和溶解有机物等也可以支持和开放海域一样的微食物环。深海的营养供给主要是上层生物的粪便、尸体等形成的碎屑垂直沉降——"海雪",经过了上层生物的层层筛选后得到的,其在种类和营养组成上较为单一。另外,深海生物因为压力的关系,在漫长的进化历程中是隔离的。在冰架海腔中,生物仍然保持着一定程度的交流。例如,开放海域常见的小型桡足类,甚至南极的大磷虾,也会深入冰架下相当距离的水体中。

　　冰架海腔生态系统与深海热液生态系统有一些相似之处,主要表现在相对较强的化能合成作用。在 412m 厚的罗斯冰架下,光合自养作用对初级生产力的贡献基本上是可以忽略不计的,但是却有相当数量的营化能自养生活的反硝化细菌。同位素数据已经表明,这部分初级生产力可以通过食物链传递到大型端足类浮游动物中。麦克默多冰架下的研究也说明,在近底层生活着数量较大的滤食性胶质生物,推测这可能与这些生物能够更加有效地利用化能合成细菌形成的有机质有关。

5.2　生物群落和适应机制

5.2.1　微生物

丰度和多样性　冰冻圈的微生物主要包括细菌和古菌,病毒和真菌也广泛存在于冰雪中,但其生物量和生态作用都远不及细菌。海冰细菌是海冰微生物群落的重要成员,据估算海冰初级生产量的 20%~30%是通过细菌进行物质循环的。每立方厘米海冰中就含有上万至百万个细菌,比同海域海水中的丰度高出 10~100 倍。从 16S rRNA 测序结果来看,古菌在海冰原核生物群落中的占比应该不会超过 10%。

冰雪微生物在多样性上有两个主要的特点:一是具有很强的两极相似性。南极和北极冰雪细菌的相似性在某些研究中达到 100%,基本没有独立进化和当地特有种类存在的可能性。究其原因,首先是它们的来源多数是大气沉降,可能来自遥远的相似环境;其次,环境选择的压力是相似的。二是海冰中发现的细菌多数是异养的,包括变形菌门的很多属(α、β、γ 变形菌纲)、绿色非硫细菌,甚至是浮霉菌(一类厌氧氨氧化代谢细菌)。光合自养细菌在北极海冰中也有报道,推测其可能来自陆地淡水生态系统,类群上包括蓝细菌和紫色硫细菌。古菌可能是最古老的生命体,常被发现生活于各种极端环境中,有异养、自养和不完全光合作用 3 种代谢类型。但是从分子结果来看,南极海冰中90%的古菌克隆系是氨氧化生活的奇古菌门(Thaumarchaeota),其余的来自广古菌门(Euryarchaeota)。

病毒广泛存在于地球上的各种生境中,由此推断它在冰冻圈的生态作用可能也不容忽视,但是目前相关的研究极少。从病毒的生活史简单来看,冰雪生境的空间限制不会对它有显著的负面影响,反而会显著增加病毒和宿主细菌接触的机会,对极端环境条件的适应性也可以完全借助宿主来实现。从海冰生物群落的能量流动关系来看,细菌食性原生动物的缺乏,使得我们有理由相信更多的能量流向了病毒。的确,曾经在海冰的沉积物中监测到病毒,其丰度高达 2.5×10^9 VLP/g。至于病毒的来源,是独立进化还是依赖海水或者大气的补充尚不得而知。至少有一点是可以确定的,海冰中发现了以前从未描述过的病毒新类群。

适应性　适冷是海冰细菌最需要的特征,按其对温度的耐受程度可分为耐冷菌(最低生长温度≤0℃,最适生长温度>15℃,最高生长温度>20℃)和嗜冷菌(最低生长温度≤0℃,最适生长温度≤15℃,最高生长温度≤20℃)。这还不足以描述其耐冷能力,一株分离自北极海冰的细菌能在–12℃下生长繁殖,还有人在–20℃的海冰卤水中检测到了活的细菌。

微生物在极低温度条件下存活最大的挑战来自保持细胞膜的流动性和遗传物质的稳

定性。现在已知细菌可以通过降低脂肪酸酰基链的长度、增加脂肪酸的不饱和指数、增加支链脂肪酸的比例等改变膜脂脂肪酸的组成，来维持细胞膜低温下的流动性。通过合成核酸结合蛋白和 RNA 解旋酶，以及 tRNA 转录后的二氢尿嘧啶修饰来削弱低温对基因表达的负面影响。通过增加细胞内可溶性糖和多元醇含量来降低细胞质的冰点，以及合成抗冻蛋白防止细菌因细胞内冰晶形成而死亡。对于卤水环境的盐度波动，则是通过在细胞内累积或释放无机离子，合成或分解渗压剂（如脯氨酸、甘氨酸、甘露醇、甜菜碱等）来平衡细胞内外的渗透压，防止细胞因脱水或吸水膨胀而死亡。为了应对光强变化，海冰细菌中也有变形菌视紫红质，这种大分子膜蛋白可以作为光驱动的质子泵，形成跨膜的质子梯度势能，进而被 ATP 合酶利用产生 ATP。

　　海冰细菌的适应性机制还无法尽数列举，其中的某些可能目前还不是很清楚，但这些适应性应该与其在极端条件下的进化有关。与海水中的细菌不同，海冰中的细菌多数是可培养的，超过 60%的细菌可以在人工培养基上克隆出单种细胞系。20 世纪 80 年代人们开始致力于海冰细菌的分离培养，变形细菌群、CFB 细菌群和革兰氏阳性菌群三大类群的细菌相继获得成功培养，从中发现了大量的细菌新物种。这一方面说明海冰生境比海水更加适合细菌生长，另一方面也可能与海冰细菌经历了环境的层层筛选有关。这些细菌经过了大气和海冰极端环境筛选，最终存活下来的种类应该具有更强的适应性。当然，也有人认为海冰中的微生物最初来源于海水浮游细菌、藻类、原生动物和小型后生动物等生物，它们被逐步选择并最终形成了海冰微生物群落。但是目前的证据并不支持这一观点，因为海冰细菌，尤其是其中的嗜冷菌，其系统发育组成与冰下及附近水域的海水细菌组成有较大的差异，与来自南极湖水的嗜冷菌也存在较大的遗传距离。

　　海冰细菌群落对环境的生态适应性主要表现在对环境，尤其是营养来源剧烈的波动上。夏季海冰初级生产力较高时，异养细菌大量繁殖。此时，异养细菌较强的呼吸作用加快了营养盐的矿化再生速率，尤其是铵盐和磷酸盐。异养细菌的呼吸作用同时降低了周边氧气浓度，加速了反硝化和氨氧化作用。而在初春季节，其丰度会降到比自养生物更低，因为它们也已经消耗掉上一个夏季的绝大部分海冰初级生产量。

5.2.2　冰（雪）藻

　　多样性　海冰群落中最引人注目的就是单细胞微藻。这一类光合自养生物是食物网的起点和基础，我们经常观察到冰雪会带有颜色（红色或者褐色），这就是微藻大量繁殖的结果。

　　雪藻是生活在南、北极地区以及地球上相近的极端环境中的一类特殊的单细胞低等植物类群，已发现有上百种之多，分属不同的门类。在种类众多的雪藻中，*Chlamydomonas nivalis*（或 *Chlamydomonas augustae*）是其中一类分类地位明确、生态分布广泛、已在实验室内进行过初步生理学研究的特殊种类，在分类学上属于绿藻门（Chlorophata）、绿藻纲（Chlorophyceae）、团藻目（Volvocales），广泛分布在北极、南极及其岛屿，以及全球相似的极端环境中，如阿尔卑斯山、阿拉斯加、落基山脉、日本富士山和我国的喜马拉雅山脉等，这些地区几乎是海拔在 2500 m 以上的雪山。

海冰中的微藻多样性更高，因为海冰中温度、盐度、光照和营养盐条件变化较大，适合不同种类微藻生活。北极和南极最常见的类群是硅藻纲（Bacillariophyceae）。仅在北极发现的海冰硅藻就有 550 种以上，包括了 446 种羽纹硅藻和 122 种盘状硅藻。在某一特定海冰生境中生活的硅藻有 30～170 种。羽纹硅藻，如菱形藻、拟脆杆藻、茧形藻和舟形藻属，通常出现在海冰底部，尤其是固定冰的底部，但是在海冰表层、渗透层内和小盘状冰中也有发现。它们经常以链状多细胞聚合体的形式出现。单细胞的个体通常体型更大，但无论链状还是单细胞，冰藻细胞都比海水中的浮游植物细胞大（>20 μm）。

适应性　冰藻对温度和盐度变化的适应机制与细菌类似，都是通过一些降低冰点或者条件渗透压的大分子物质实现的，这里不再赘述。其所不同的是，作为一种自养生物，冰藻可以自主合成一些物质。冰藻分泌的胞外多糖就是这样一种防冻剂。为了适应极端盐度条件，可以通过某些胞内物质调节渗透压，如二甲基巯基丙酸（DMSP）。海冰硅藻有很强的产生 DMSP 的能力，浓度可以达到 2910 nM。

对于光合自养生物而言，最重要的适应机制无疑是保持合适的光合作用强度。在实验条件下，当盐度偏离到 5 以下或者 100 以上时，冰藻的生长率和光合速率基本降低到 0。从光合速率的温度系数 Q_{10} 来看，冰藻中其值为 1.0～6.0，但在温带浮游植物中这一数值一般是 1.9～2.36。这说明冰藻的光合作用速率也会随温度的升高而升高，但是变化幅度还是明显不同于其他藻类。海冰中，即便在夏季，光照不足也是常见的，在这样的条件下，它们可以通过调节色素组成和增加色素浓度，以及提高电子传递效率来提升光捕获潜力和光合作用速率。在南极，臭氧层破坏所带来的强紫外辐射也是一个挑战。在这种条件下，它们一方面会降低电子传递效率，另一方面也会产生光保护色素或者类菌孢素氨基酸等物质。一旦光合系统遭到紫外线损伤，细胞则会产生氧自由基，对抗这种伤害的机制是在紫外线水平较高时产生丙二醛、过氧化物歧化酶等物质。

无机营养盐供给的剧烈波动是影响冰藻生理活动和生产力的重要因素。正如前面所言，海冰中的微量元素，如铁，因为大气沉降的关系一般不会成为限制因子，但是硅酸盐和硝酸盐的浓度有时会因为再生速率降低等而降低到吸收浓度阈值以下。这种情况会影响冰藻有机物合成，如在氮限制的情况下，脂肪酸合成的速率会提升。尽管如此，种群或者群落细胞丰度还是对营养盐浓度最好的响应。因为海冰中营养盐会受到诸如海水上涌等偶然因素影响，所以冰藻丰度的变化，尤其是空间变化的规律性不强，这也是没有专门介绍冰藻丰度的原因。

5.2.3 原生动物

多样性 海冰原生动物是冰雪中微藻、细菌和古菌最主要的捕食者,但与这些被捕食者相比,它的冰下海水来源是比较确定的。一方面,它们体型小、生活史周期短,适合冰雪中多变的环境条件;另一方面,它们很少像细菌和微藻一样存在休眠孢子,能够随着大气或者淡水长距离输运。虽然海冰中也有相当比例的极地特有种,但海冰中确实存在和海水中相似的种类。另外,除了极地海域的特有种外,也有一些种类同时出现在周边温暖海域。然而,即便是极地特有种,有些可以通过形态区分,有些形态与海水中的相似但基因型存在差异,这说明海冰中的原生动物还是存在独立进化的可能。

从能量金字塔的角度看,冰雪中原生动物的丰度远小于微生物,因此在极地海洋中采样难度更大,研究较少。目前还很难对它的时空分布规律给出清晰的结论。

适应性 因为研究较少,所以目前对原生动物的温度和适应机制还不是很清楚。但是从观测证据来看,海冰中的原生动物能够适应较宽的盐度范围,从接近淡水环境到盐度接近100。多样性的捕食策略通常是应对食物资源缺乏和捕食空间狭小的适应机制。海冰原生动物有兼氧性、冰藻食性、细菌食性,甚至原生动物食性等多种营养来源。

5.2.4 后生动物

多样性 不管是海冰还是冰上积雪,都有冰雪后生动物的观测记录。积雪中后生动物记录极少,曾经只在特殊环境下观察到雪蠕虫、桡足类等。海冰中的记录更多,南北极的海冰中都有冰内后生动物的报道。但无论何种情况,都很难确定海冰中的生物是独立进化而来的,还是定期从海水中获得的。

从分类学上,海冰动物并没有明显的类群特异性,刺胞动物门、节肢动物门、软体动物门中都有一些种类能够在海冰中生活。从生态习性上,海冰动物大体可以分为三种类型:一类具有明显的淡水习性,如轮虫,它们可能因适应融冰淡水环境而得以在海冰中生活;一类具有底栖生活习性,如线虫、多毛类等,与浮游动物相比,它们更倾向于捕食固定在海冰上的硅藻;还有一类也是多样性最大的,只生活在冰水界面,它们具备浮游生活的能力,季节性地利用集中暴发的冰藻只是与其他生物竞争的一个适应性优势。

适应性 后生动物体型较大,只能生活在冰水交换区或者冰内较大的水体中,因此它们面对的温度和盐度波动要比微生物小得多。它们的适应性主要体现在生殖活动和冰藻水华暴发在时间的吻合上。

5.3 食物网结构和生产力

5.3.1 种间相互作用

任何一个生境中的生物都是相互作用的，这种相互作用就界定了整个生态系统的结构。冰雪生态系统也不例外，只是冰-气和冰-水界面的物质交换以及这种交换的不稳定性使得它们在多数情况下并不是一个自持的内循环系统。但是，环境的极端性也使得海冰生态系统的种间相互作用具有独特性，一个主要的方面就是除了捕食和竞争外，互利的种间相互作用是经常存在的，并且对生态系统的维持起到至关重要的作用。

冰藻/细菌依附生长、互利共生就是一个协同对抗极端环境的最好例证。在冰、雪生境中都有类似的情况，细菌黏附在硅藻（尤其是链状大型种类）的表面，以它们分泌的胞外多糖为营养来源。细菌同时能够帮助硅藻去除对细胞有伤害作用的过氧化氢。对于细菌而言，在一个生产力低下的环境中，细菌接触到营养物质的机会极度缺乏；对于硅藻而言，环境胁迫作用会使光合作用产生过多的氧自由基，超过了它们自身免疫系统的防御能力。

还有一些研究表明，冰雪微生物之间甚至可能存在种间基因交流，如 UV 耐受操纵子和汞防御基因可能在冰雪细菌间整合。另外，冰结合蛋白基因也有可能从细菌中传递给冰藻。

5.3.2 生物生产的季节节律

初级生产力水平极端的季节性波动是极地海洋生态系统的主要特点，其同样也适用于海冰生态系统。漫长的冬季极夜过程，太阳光强很难达到微藻光合作用的强度，因此这一时间段内生物活动强度极弱，而且以异养活动为主。同时，坚硬的冻结冰也不利于海冰和水体的营养盐交换，这成为初级生产力另外一个限制因子。

但是，相对于海洋生态系统，海冰的初级生产过程在春季开始得比较早，因为海冰生境更容易获得太阳光。而且，此时无论是海冰中，还是上层海水中，都积累了大量的营养盐。因此，融冰初期冰藻生物量占到总初级生产力的大部分。能够同时利用冰藻和水体浮游植物的生物在食物竞争中也会占据优势地位。南极大磷虾和北冰洋的极北哲水蚤都是初春上升到海洋表层摄食冰藻，并将其作为产卵的能量来源。相对于单纯以水体浮游植物为食的动物，它们先后利用冰藻和浮游植物两个在时间上相继的水华周期，完成生殖和幼体生长。

5.3.3　食物网结构

冰雪生态系统的物质循环和能量流动主要是在微型生物之间完成的,虽然也有中型,甚至巨型生物的参与,但是它们的物质基本是单向流动的,目前还没有如何对微型生物生产产生反馈的研究报道。

Maccario 等(2015)综合目前的研究结果绘制了冰、雪环境中的食物网结构(图 5.4)。通过图 5.4 不难看出,冰、雪环境中的食物网结构并不是一个严格意义上的"网"状结构,生物之间的捕食关系远不如海水生物群落复杂。只有微型生物之间的捕食关系是在海冰、冰川冰和积雪中普遍存在的。后生动物虽然在上述三种生境中都有报道,但是一些明确具有底栖生活习性的动物只在海冰中出现,这很可能与其海洋来源有关。另外,虽然鸟类被放到了这个食物网的顶端,但是很明显,这些冰、雪动物并不是鸟类唯一或者最重要的食物来源。

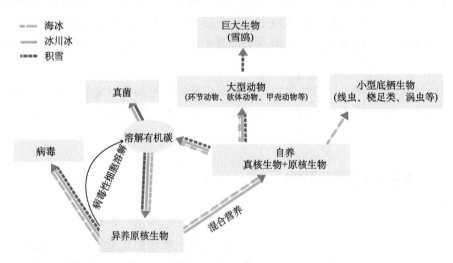

图 5.4　冰、雪环境中的食物网结构(Maccario et al.,2015)

5.3.4　生物量和生产力水平

虽然冰川冰、海冰和积雪分别占到地球表面积的 3%、6%和 12%,但其生产力水平是极低的(图 5.5)。究其原因,除了冰川冰外,海冰和积雪都是呼吸作用占优势,也就是生物生存需要的营养物质主要依靠外源输入。

从细菌生产力的角度来看,冰川冰中的净生产应该与物质循环的周转率较低有关。在食物网相对完整、周转率相对较高的情况下,多数的生产量会被冰雪生物群落消耗,并重新开始初级生产循环。

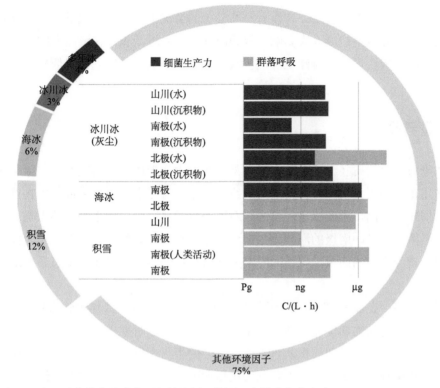

图 5.5　冰、雪生境占地球表面积的比例（外圈）和微生物生产力（Maccario et al.，2015）

5.4　冰-水相互作用

5.4.1　光（热）盐传递

正如上文中提到的，冰雪最主要的作用是隔离了海-气之间的物质和能量交换。这种隔离作用在光、热、气体、大气沉降和淡水等方面都起着至关重要的作用，其中，隔离对光和盐度的作用对于生态系统尤为关键。首先，光和盐度是海水生物生长的重要控制因子，而二氧化碳、氧气虽然也受海冰隔离影响，但总体上很难达到限制生物生长的程度。同时，大气沉降对生态系统的物质通量的贡献十分有限，尤其是在北极。在南极，因为海水存在明显的铁限制，而大气可以补充铁等微量元素，尽管量比较小但是对生态系统意义较大。光和热能是生物光合作用和保持自身温度的重要影响因素，而淡水的析出和汇入导致的盐度变化经常是海水浮游植物群落结构变化的主要驱动因子。其次，光和淡水的隔离作用都有自我强化的反馈机制。海冰中吸收的太阳光越多，冰藻积聚的生物量就越大，反过来吸收光的能力就越强。一些情况下，即便海冰变得很薄，但是其下表面形成的冰藻仍然能够吸收掉绝大部分的入射光，使得投射到水体中的辐射强度很难满足浮游植物光合作用的需要。在没有海冰覆盖的情况下，通常大气降水是稀释到海水中的，通常不会对盐度造成太大影响。极地海洋上的降雪是积聚在海冰上的，在春夏融冰季其集中融化成淡水进入海洋上层，极端情况下海洋上层盐度能够降低到只有 20 左右。

5.4.2　营养交换

海冰吸收营养物质（无论是从大气还是从海洋中）形成的生物生产量，除了一部分经呼吸作用重新回到大气中外，其余的最终还是进入海洋中。海冰生境中生物群落呼吸速率高，周转率也高，因此很难评价海冰对整个海洋冰冻圈生物生产力的影响。另外，生产力水平因地而异，南极的海冰因为铁含量相对较高，其生产力可能也比北极的海冰高。相对于营养交换的通量，交换的时空变异特征更加明显，对海洋生态系统结构的影响也更大。

冰藻水华集中在冰-水界面上，而且形成时间至少早于水体浮游植物水华一个月。因此，极地海洋浮游动物的优势种通常具备在生活史的特定时期摄食冰藻的能力，最典型的就是南极大磷虾和北冰洋的极北哲水蚤。它们的生活史周期在两年以上，拟成体和成体在深层水体中越冬，冬末春初上升到表层摄食冰藻。与温带具有类似生活习性的浮游动物相比，这些极地种类并不一定在前一年秋季之前储备大量的油脂类来作为越冬和第二年春季生殖的营养来源。因此，幼体和成体的生长季节相对更长，也更容易达到更大的体型。

冰-水营养交换的另一个特点是,冰藻集中释放时冰藻细胞通常是以聚合的形式开始的，这样其下沉速度更快，也不易全部被水体生物摄食。因此，冰藻生物量通常可以达到更深的深度，而浮游植物通常具有抵御重力沉降作用的能力，其生物量一般不会以原始形态沉降，而是经过浮游动物摄食后以粪便颗粒或者动物尸体的形式沉降。在北冰洋，150m 以下的垂直有机碳通量具有一个数量级以上的地理差异，这极有可能与冰藻沉降有关。目前的假设是，冰藻在上层被极北哲水蚤等生物摄食的越少，沉降到深层的比例就越高。这一点可以从中层海洋杂食性浮游动物的丰度得到间接的印证。

5.4.3　冰/水生态系统耦合

冰藻集中释放和快速沉降的特性导致海冰和海底生态系统发生强烈耦合作用。无冰海域底栖食物链的营养来源主要是"海雪"，也就是动植物的粪便和尸体以及其他有机颗粒物，而海冰季节性覆盖的海域冰藻也能大量沉降到海底，以驱动底栖食物链。但是，因为冰藻沉降速率高，释放期直接到达海底，所以可以为底栖动物带来更多的食物。这一点在近岸浅水海域尤其明显，这里底栖食物链对整个生态系统营养结构的贡献明显提升，在很多地方甚至超过浮游食物链。这里底栖动物的生物量通常很高，也经常被当作重要的"蓝碳"库。

在这方面最具有代表性的是楚科奇海，其整个生态系统的物质循环和能量流动绝大部分是依靠冰藻-底栖动物食物链来驱动的。一是这里冰藻生产力高且水深较浅；二是以冰藻为食的多年生浮游动物因为无法在深层越冬而生物量极低，从而进一步降低了浮游食物链的循环效率。

楚科奇海独特的营养结构也决定了浮游动物群落生态学研究的特殊意义。富含营养盐的白令海入流水催生了楚科奇海冰藻的繁盛以及其他浮游植物的暴发（Grebmeier and Barry，1991），但是增加的初级生产量并不能够完全被浮游动物所利用，因为浮游动物的繁殖和发育受到了温度的限制。大部分的初级生产量沉降到海底并进入底栖食物链，在楚科奇海的南部催生了大量的底内和底表生物。因此，目前楚科奇海的食物链是以冰藻-底栖生物占主导的。但是随着海冰的消退和生物生产季节的延长，楚科奇海的浮游动物会更多地利用浮游植物所产生的初级生产量，而进入底栖食物链的初级生产量会相应地减少（Grebmeier et al.，2006a）。这种变化会沿着食物链逐级传递至整个生态系统，最终导致整个生态系统内部物质与能量流动的方式改变，楚科奇海的主导食物链将向浮游食物链转化（图 5.6）。这种变化已经在白令海北部被证实，即高营养级的捕食者数量在增加（Grebmeier et al.，2006b）。

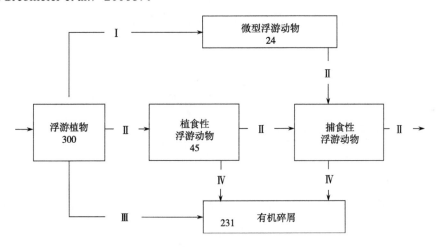

图 5.6 楚科奇海初级生产力传递途径和分配比例（Walsh，1989）

I，微食循环；II，捕食食物链；III，碎屑食物链；IV，尸体和粪便沉降

注：数值表示食物链传递的数量关系

思 考 题

1. 海洋冰冻圈主要包括哪些生境类型和生态作用？
2. 海洋冰冻圈有哪些主要的生物群落，其适应机制分别是什么？

第6章
全球变化与冰冻圈生态系统

在全球变化背景下，冰冻圈变化对生物圈的作用日趋明显，对全球尺度的碳循环以及区域尺度的生物多样性、生态系统分布格局与功能等方面的影响日益广泛而深远（Hinzman et al., 2005）。伴随着气候持续变暖和冻土退化，北极地区灌丛带大范围扩张与森林带北移，苔原大幅度萎缩，生物量增加的同时生物物种多样性减少。随山地冰川、冻土退化和积雪格局变化，欧洲西北部高山植物的向上迁移速率达到每 10 年 29 m，且高山植被分布与结构的较大规模改变十分迅速（Lenoir et al., 2008）。我国青藏高原多年冻土区高寒生态系统也发生了显著变化，其变化趋势更为复杂。总体上，冰冻圈生态系统对气候变化的响应比其他区域更为强烈，其产生的气候和环境的反馈效应也更加显著。大量事实证明，冰冻圈变化已从多个方面对生态系统产生了较大影响，这些影响已经对寒区生态系统服务以及人类社会发展带来巨大挑战。

6.1 全球变化对陆地冰冻圈生态系统的影响

6.1.1 陆地冰冻圈生态系统对全球变化的响应特征

陆地生态系统与冰冻圈要素之间存在十分复杂和密切的相互关系，表现在能量和物质传输过程多方面，并由此形成了冰冻圈生态系统特有的结构与功能。以冻土和积雪为例，一方面，陆地生态系统（植被以及土壤有机质，动物栖息与掠食等）通过影响能量的分布与传输，对冻土的形成与动态变化、积雪的空间分布与消融过程等产生重要作用；另一方面，冻土和积雪的分布与动态变化，通过影响栖息环境、水分与养分供给、能量状态以及食物链等，对生态系统的类型、组成结构、空间分布及动态演化等形成制约。不同生态系统响应冻土和积雪变化的幅度、方式和适应策略等不同，同样，不同生态系统对冻土和积雪的影响程度和作用途径也不同。同时，冰冻圈的变化会改变生态系统之间的物理、生物地球化学以及生物作用关系，从而间接作用于生态系统。由于生物气候和生物地理要素的高度空间异质性、冰冻圈要素动态变化的时空变异性等，冰冻圈要素对生态系统的影响以及生态系统对冰冻圈的反馈作用均存在十分显著的时空变异性。

1. 对物候与生产力的影响

气候变暖可通过改变植物物候和物质分配等影响生态系统生物量。物候是代表植物生长发育等季节性周期变化的自然现象。长期以来，植物物候主要用于指导农业生产，自 20 世纪以来，气候变暖对全球植物物候产生巨大影响，由于植物物候对全球变暖响应最为激烈且最易观察，因此被看作气候变化的敏感指标。全球气候变化可能改变植物物候，而物候的变化又可通过叶面积指数对地表和大气能量、水分和碳交换等产生反馈。植被物候的变化还可揭示生态系统生产力、物种竞争、群落结构和生物多样性等生态适应性和进化适应性。所以观测植物物候变化，可以探明气候变化对陆地生态系统的影响机理。关于植物物候研究主要有两种方法：一种是传统的原位观察，该方法可以完整地记录植物拔芽、展叶、开花、结实、枯黄和落叶等季节变化，但其代表的主要是样地尺度，反映的空间区域有限；另一种是通过卫星遥感资料反演解析得出物候变化，主要通过植被 NDVI 的变化来预测植被生长季的开始和结束时间，但其存在诸多不确定性，其预测精度主要取决于卫星遥感数据精度及模拟方法，也可以从区域及全球尺度预测植物物候的变化。

植物物候变化主要受温度、降水、积雪等非生物因素和植物遗传变异，物种及种群竞争以及动物采食等生物因素影响。在大多情况下，温度是决定性因子，植物生长发育各阶段均需要达到一定的有效积温，植物春季返青及开花物候主要受冬季末期及春季积温的影响；在干旱和季节性干旱地区，物候还受光照周期和降雨的影响。在高纬度和高寒地区，除上述因素外，植物物候还受积雪融化时间的影响。植物物候还体现出自身个体遗传学特征及其在群落水平上的适应策略，植物通过调节自身形态、繁殖时间、授粉和种子传播方式等生态适应策略来达到与周围动植物互利共生的目的。近几十年，全球气候变暖使全球植物春季物候普遍提前，秋季物候推迟，北半球植物生长季延长。北极多年冻土区气温升高使植被开花期提前，早花植物主要受积雪影响，而晚花植物主要受春季温度影响。在青藏高原那曲高寒草原，增温使高山嵩草生殖物候推迟，开花数减少。

以生长季延长为主要标志的物候变化，同时带来植被生产力的改变。在气候变暖同时降水量增加的情况下，青藏高原高寒草地生产力有所增加。对于分布在北极地区的冻原生态系统，在活动层较薄的多年冻土区，伴随气候增暖和冻土退化，地表水分显著增加有利于湿生植被（草甸和沼泽）生长，使得地表植被生物量趋于增加的区域增大，导致北极冻土地区过去几十年植被生产力增加。

2. 对生物地球化学循环的影响

生物地球化学循环是生态系统物质与能量循环的重要组成部分，寒区生态系统的生物地球化学循环与冰冻圈要素之间存在十分密切的相互作用关系。冻融过程及其伴随的水分相变和温度场变化所产生的水热交换对生物地球化学循环产生巨大的驱动作用，并赋予了其特殊的循环规律以及对环境变化的高度敏感性。其中，在通量、影响以及全球变化研究中最为关注的是寒区所积累的大量碳库及其相关的碳、氮循环。碳在陆地生态系统中的循环、流动主要是通过植物的光合生产（光合作用、生物量）、植物的呼吸消耗、凋落物的生成及分解、土壤有机质积累和土壤呼吸释放等途径来实现的。在冰冻圈作用区，碳循环不同于其他温带和热带地区的显著之处就是低温对碳的冻结封存与缓释。气候变暖加速了北极和青藏高原多年冻土融化，到 21 世纪末，可导致 37%～81% 的冻土退化（Schuur et al., 2015）。由于多年冻土区植物生长主要受低温限制，温度升高可促进生态系统生产力提高，同时也会增加土壤微生物活性，从而加速土壤有机质分解，增加生态系统 CO_2 排放，因此在气候变暖驱动下，多年冻土区生态系统生产力和生态系统呼吸变化是决定生态系统碳平衡的两个关键因子。在高纬度生态系统中，持续的寒冷和饱和的土壤条件限制了土壤有机质分解，导致了土壤有机质和营养物质的积累。多年冻土区含有全球一半以上的土壤有机质，可储存 1400～1800 Pg C 和 40～60 Pg N。

高纬度地区的迅速变暖正在减弱多年冻土对土壤有机质的气候保护，这可能对区域生态系统功能及全球碳循环和养分循环产生重大影响。预计到 21 世纪末，近地表多年冻土普遍退化，但是冻土融化速度以及融化后有多少有机碳被释放到大气中是未知的。目前模拟冻土退化的范围，到 2100 年场景从 40% 到 80%，而释放的碳量为 17～500 Pg C，高低两个场景下冻土释放碳估计相差 30 倍。而大量土壤有机碳的损失有可能加速全球变暖进程。

多年冻土的融化会导致地表由于地面冰块的丧失而沉陷或塌陷，其被称为热融滑塌。如果热融滑塌发生在山坡上，地面塌陷可能突然发生，土壤有机质将被暴露在距离地表以下的数米处，从而影响有机质的矿化和碳的释放（图 6.1）。多年冻土热融滑塌后的土壤条件可以刺激光合作用和呼吸作用，从而导致土壤冻土碳释放或碳吸收，加上碳循环的变化会改变养分吸收和矿化，增加营养元素的可利用性和高质量的碳输入，因此会加速土壤有机质的分解。预计土壤变暖会刺激有机质的矿化，从而刺激土壤呼吸。

整个北极地区的气温升高与多年冻土变暖和融化有关。预计多年冻土的面积会随着未来气候变暖而继续减小，因此，预计大气中的碳损失将会使北极从碳汇到 21 世纪末变为碳源，从而进一步放大气候变化，这种变化已经被实验检测到和在北极苔原上观察到。多年冻土的碳损失可能不仅受温度变化的驱动，也受到土壤水文学相关变化的影响。随着冻土活动层的加深，地表水可能会流失到更深的土壤层，减少高纬度地区的湿地面积。冻土融化可以增加低地的土壤湿度，或者地面冰融化使局部地面塌陷，导致即使在高地也可能出现大面积土壤干燥的区域。土壤湿度的变化尤其重要，因为土壤湿度和温度是土壤碳交换主要的环境驱动因素，土壤 CO_2 或 CH_4 排放将在很大程度上被土壤湿度变化驱动。由于 CH_4 有 28～34 倍于 CO_2 的全球变暖潜势，因此土壤温度和湿度对气候的影响将受 CO_2 和 CH_4 排放量的控制。

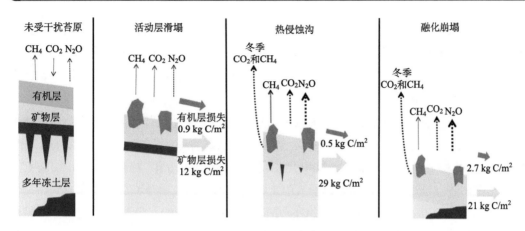

图 6.1　冻土退化加速温室气体排放

6.1.2　全球变化对冰冻圈主要生态系统的影响

1. 高寒草地生态系统

在冰冻圈作用区，气候变暖增加冻土融化深度和活动层厚度，同时改变植被的物候，如春季生长提前和秋季生长延迟，从而使生长季延长；这种影响具有普遍性，无论在北极和青藏高原，均发现较为显著的植物物候改变和生长季延长的现象。在我国青藏高原，植被物候变化较为复杂，尽管其春季物候在过去几十年的持续变化中有一定争议，但通过遥感数据反演，结合定位观测试验结果，有较大可信度的结论是：在一定程度上，较高的冬季和春季增温及持续增加的降水对青藏高原大部分植物物种的起叶和初花期具有一定的促进作用，即春季物候变化的大概率事件是提前的，平均每 10 年提前 3.7 天（图 6.2）。1982～2011 年，青藏高原高寒植物物候的动态变化过程几乎与北方温带草原和泰加林带物候变化相一致，表现出明显的时间维度上的一致性[图 6.2（a）]，表明气候变化引起的冻土活动层融化和积雪融化时间提前、活动层冻结时间缩短是促使春季物

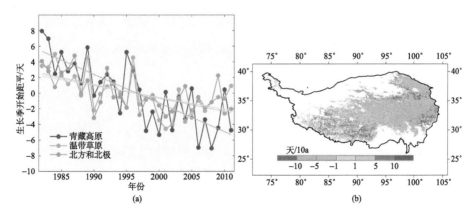

图 6.2　青藏高原寒区植物物候变化及其时空分布格局

候提前的主要驱动因素。在空间上，西藏高原南部雅鲁藏布江流域物候变化与其他地区不同，大量证据支持春季物候延迟[图 6.2（b）]。青藏高原植物物候变化剧烈与气温升高，特别是夜间增温有关，地表冻土层季节融化过程变化和青藏高原不同地区降水增加等对其也有重要贡献。

随着气候变化，青藏高原高寒草地生态系统 NPP 呈现较为显著的递增态势，如图6.3 所示，增加幅度约为 2.25 Tg C/a。不同冻土类型下的草地生态系统 NPP 均有不同程度的增加，其中多年冻土高寒草甸 NPP 增幅最大，1980~2016 年的增速达到 0.36 Tg C/a，然后依次为多年冻土区高寒草原、季节冻土区高寒草原以及季节冻土区高寒草甸，增幅分别为 0.32 Tg C/a、0.22 Tg C/a、0.21 Tg C/a（Lin et al., 2019）。随着 NPP 增加，碳密度也呈现增加趋势，其中季节冻土区高寒草甸碳密度增加幅度最大，达到 5.96%，而多年冻土区高寒草原增加幅度最小，仅为 2.26%。上述结果表明，在气候持续变暖背景下，冰冻圈区的主要生态系统表现出较强的碳汇功能。高寒草地生态系统 NPP 增加主要是气候因素作用的结果。对 1979~2016 年变化因素分析的结果表明，降水变化使得 NPP 以1.43 Tg C/a 的速率增加，降水的增加对高原 NPP 变化的贡献为 63%左右[图 6.3（b）]。这表明降水变化在高原 NPP 年际变化中占主导作用。与降水不同，气温升高使得高原NPP 呈现微弱的下降趋势，其原因主要是持续增温不但使得 GPP 呈现显著的增加趋势，同时也使得自养呼吸增加。与 GPP 相比较，增温对自养呼吸的增加速率更显著，导致增温对高原 NPP 有微弱的降低作用（Lin et al., 2019）。

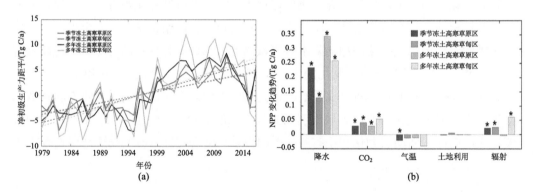

图 6.3　青藏高原高寒草地生态系统 NPP 对气候变化的响应特征

2. 北极冻土区苔原和灌丛生态系统

近 20 多年来，大多数苔原地区多年冻土层的温度升高，活动层厚度呈加厚趋势，从而加速了苔原多年冻土融化。研究发现，冬季土壤温度增加 2.3℃，可使北极苔原生长季冻土融化深度增加 10%。阿拉斯加苔原活动层厚度年变化率介于–0.67~0.69 cm（约 47%呈显著增加趋势）。受气候变化的影响，北极和高山地区灌丛向极地和高海拔扩张，并进入草地群落，其被定义为灌丛化。这一现象称为陆地生态系统对全球变化响应最为显著的标志性变化。在青藏高原，气候变暖促进高山灌丛生长，导致种间竞争，从而抑制了林线树种向高海拔迁移；东喜马拉雅的杜鹃也已经扩展其原有的生境范围，向高海拔迁移，这个变化可能与该区域水分变化有关。

2.4.3 节中已经介绍了气候变化驱动下，冰冻圈陆地生态系统中显著的物种迁移变化，特别阐述了北极灌丛向苔原大范围侵入的现象及其产生的一些生态效应。图 6.4 反映了 1982 年到 2008/2011 年基于遥感数据反演的北极地区主要生态系统植被生产力和 NDVI 的变化，北极苔原带大范围显著"变绿"为变化的主要特征，这是苔原带 NDVI 和 NPP 较大幅度增加的直接结果。这种变化的直接原因是灌丛大幅度向苔原带扩张以及灌丛带覆盖度和生产力的提升，几乎所有主要的草丛苔原带都有灌木侵入，且大部分灌木苔原带的生产力显著增加。气温增加改善了原来限制于温度的高寒植物的生长；土壤温度升高增强了土壤微生物活性，加速了有机质分解，增加了植被可利用的养分（如土壤氮）的利用率；地下冰融化大幅度改善了植物水分条件，活动层厚度增加拓展了根系生长范围。在图 4.9 中的 D 和 E 区，大量半匍匐矮灌丛被直立灌丛取代，低灌丛被高度达到 80 cm 甚至大于 2 m 的高大灌木取代，灌丛的高度、郁闭度大幅度提升。

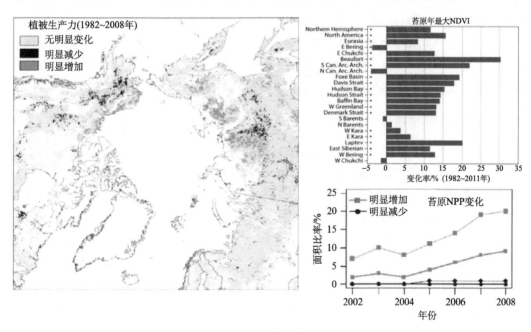

图 6.4　北极陆地生态系统植被生产力和 NDVI 的变化趋势（Beck and Goetz, 2011）

灌丛植被的上述变化还产生了其他一系列生态效应，特别是对生物多样性的作用是负面的。北半球因积雪融化时间提前和积雪覆盖减少，大部分观测的植物生长季延长、植物花期提前。北极地区灌丛植被生长季延长、遮阴作用增强（LAI 增加）以及对积雪拦截厚度进一步增大，导致禾草类和隐花植物大量消失。在动物方面，积雪融化时间提前和温度升高，导致大量无脊椎动物的生活周期改变，如冬眠缩短；植物花期提前和花期缩短，导致拈花无脊椎动物物种减少。

苔原植物对气候变化的响应主要表现为迁移而不是适应，其使苔藓、地衣及一些食草动物处于高风险。气候变暖加速了灌木北移，苔原生态系统原有的地衣、苔藓及多年生草本正在逐步被灌木丛和北方森林替代，尽管某些地区独特的环境可阻碍灌丛扩张。过去苔藓类植物容易被冰雪覆盖，苔原带会因此反射较多的阳光，但出现森林后，成片的树木会形成深色地表形态，吸收更多的太阳热量，加剧苔原带气候变化。灌丛扩张还会导致苔原植被结构、群落组成和生物多样性变化，改变陆地-大气能量交换，并对苔原积雪、土壤水文和热量产生系列影响，超过物种迁移能力的快速气候变化很可能导致苔原火灾、疾病和害虫爆发的概率增加。

3. 北方针叶林生态系统

1）对北方针叶林分布的影响

最近冰期古气候和古植被的研究指出，气温每升高1℃，树木分布区域的北界会向北推移100 km，而树木分布的南界会退缩。气候变暖将不利于北方针叶林生长，北方针叶林面积将减少37%。同时，气候变化将改变北方针叶林的地理分布，使北方针叶林的北界北移，其中40%以上侵占原冻原地带，而北方针叶林的南部将大面积被温带森林所取代。根据7个大气环流模式（GCMs）预测的气候变化平均值，预测2050年北方针叶林将会明显减少，其分布区向北移入西伯利亚地区，北方针叶林几乎从中国消失。

2）对北方针叶林物候的影响

普遍研究表明，气候变暖使得北方针叶林春季物候提前、秋季物候延迟，生长季时间延长，其春季物候可能主要受温度控制，而秋季物候则可能主要受降水影响。然而，植物物候不仅与环境条件有关，还在很大程度上取决于植物的生长状况、生活型以及对资源的需求。植物繁殖物候作为植物生活史中最为关键的物候期，其对增温的响应还没有一致的结论。该结论的不一致主要来源于以下方面：首先，不同物种繁殖物候对增温的响应（变化方向及敏感性）存在差异；其次，增温过程是多因子耦合变化的过程，繁殖物候对增温的响应可能受到其他共变因子的干扰；最后，植被发育是一个连续的过程，早期的发育阶段会对后期的发育阶段产生一定的限制作用，通过研究单个发育阶段可以发现繁殖物候对气候变暖的响应存在局限性。因此，开展多环境因子耦合条件下不同生活型植物（或群落）完整物候期的监测对把握植被物候变化对气候变化的响应具有重要意义。

3）对北方针叶林生产力的影响

在苔原显著"变绿"的同时，北方森林带显示出不同程度的"变黄"。如图6.5所示，在北美多年冻土区的北方森林带，其生物量显著减少的面积比率呈急剧增加态势，整体上退化明显。在欧亚大陆北极区，北方森林带也呈现退化趋势，但总体上不显著。在我国东北多年冻土区，1982～2015 年植被生长季平均 NDVI 呈增加趋势，表现出 80.6%的区域显著增加、7.7%的区域显著减小。不同类型多年冻土区的植被 NDVI 增加强度不同，以连续多年冻土区 NDVI 的增加幅度最大。相关驱动因素分析结果认为，增加的地表温度（多年冻土退化）对植被的生长起到积极的促进作用（郭金停等，2017）。

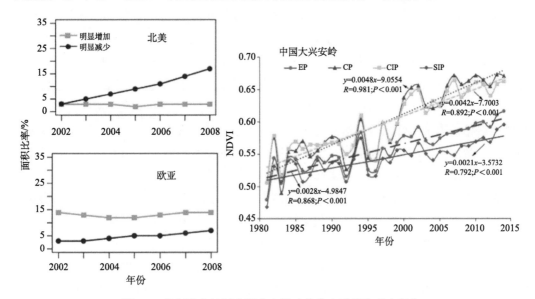

图 6.5　多年冻土地区典型北方针叶林生态系统生产力变化

EP，整个多年冻土区；CP，连续多年冻土区；CIP，不连续多年冻土区；SIP，岛状多年冻土区

北方森林生态系统在许多地方出现退化，表现为郁闭度和生产力下降，研究者认为这种现象的产生与冻土退化关系密切，是由冻土冰体融化产生的水分增减导致的：一方面冻土退化中融冰形成大量土壤积水，饱和土壤水分不利于树木生长，在湿地扩张的过程中，森林植被被湿地草甸植被所取代；另一方面，有些坡地（特别是阳坡）冻土退化导致活动层土壤水分下渗或大量流失，产生干旱胁迫。

4）对北方针叶林碳源/汇格局的影响

北方针叶林拥有巨大的碳库储量，全球变化对其碳源/汇格局的影响意义重大，关系到北方针叶林碳平衡及其对全球变化的反馈。全球气温升高以及大气中 CO_2 浓度的增加是全球变化的重要方面，可以改变北方针叶林的碳同化量及植被分布，从而影响北方针叶林对碳的固定。气温升高导致的生长季延长以及 CO_2 施肥效应和养分供应的增加，使得北方针叶林的初级生产力增加。但未来北方针叶林生物量将对气候变化产生何种响应，现阶段并没有得到一致的结论。北方针叶林碳库的源/汇格局取决于生态系统初级生产力与碳排放之间的平衡。全球气候变化对北方针叶林碳排放，特别是土壤碳排放的影响，是北方针叶林碳源/汇效应对气候变化响应的重要方面。全球变化通过改变不同的生态系统因子来影响北方针叶林土壤碳平衡。其中，长期（几十或上百年）生态系统因子的改变控制着整个生态系统的发展，如增温/降温、植被改变、冻土融化/形成、土壤微生物群落改变、水文过程改变、成土过程改变及海岸和河流侵蚀等。而全球变化引发的偶发事件，如火干扰、干旱、洪水、热融湖及侵蚀掩埋等，主要通过直接地改变土壤碳排放以及间接地改变生态系统因子而影响土壤碳平衡。

在寒带针叶林，气候变化产生的最重要的长期影响因子之一是冻土的融化。气温升高带来的冻土退化使冻土中冻结的大量有机碳可以被微生物利用而分解释放，即引发冻土中"老碳"的释放。冻土中储存的碳累积于上千甚至上百万年前，不仅储量巨大，而且具有高的温度敏感性，该过程导致的土壤碳排放量将会非常惊人。同时，冻土作为活动层下的不透水层含有大量冰。由于地形的差异及增温条件下土壤水文特征的改变，冻土融化后将使土壤条件变得更湿或更干，这种土壤水分条件的改变通过改变土壤碳分解的条件及微生物群落组成和活性来影响土壤碳排放的量和形式（CO_2 或 CH_4），同时也影响植物碳固定，其对寒带针叶林碳源/汇格局产生重要影响。

火干扰和热融湖是由全球变化引发的两类重要的偶发事件，它们可以显著地影响寒带针叶林生态系统碳收支。伴随着气候变化，森林火干扰对寒带针叶林的影响将进一步增强。火干扰在北方针叶林碳源/汇格局变化中扮演重要角色，在某些地域，其还与泥炭的累积速度和长期土壤碳储量相关。火干扰影响森林演替进程、结构和功能、生产力和生物地球化学循环，是森林生态系统的主要影响因子，其频度变化可解释碳库变化的84%（Kelly et al., 2016）。以大兴安岭地区为例，1980～2005年，林火引起生物量直接损失达31.94～39.6 Tg，其中落叶松的生物量损失占到56%（赵鹏武，2009）。同时，火干扰过后植被、土壤环境因子的改变、土壤有机层的烧毁等对森林生态系统碳循环造成严重破坏，可能使森林生态系统由碳库变为碳源（Song et al., 2018）。此外，在冻土区，火干扰与冻土的相互作用可能使多年冻土中巨大的碳库释放，且进一步通过冻土退化对微地形的改变和土壤水分状况的影响作用于植被演替和土壤碳排放等（O'Donnell et al., 2011）。

6.2　全球变化对冰冻圈海洋生态系统的影响

气候变暖对海洋冰冻圈最重大的影响就是使海冰消退。以北冰洋为例，2012年8月海冰面积下降到创纪录的410万 km^2，比1979～2000年的最低均值少240万 km^2，缩小的面积约相当于英国国土面积的10倍。虽然普遍预期这种变化会给生态系统带来深远的影响，但是影响的机制和程度目前都难以预测。

制约预测能力的首要因素是极地调查和研究数据的缺乏。根据联合国政府间气候变化专门委员会（IPCC）第二工作组建立的标准，评估气候变化对生物的影响的数据需满足：①持续到1990年或以后；②时间跨度至少20年；③每一个独立研究中无论趋势如何，均需有显著的变化。同样以北冰洋为例，根据 Wassmann 等（2011）的统计，截至2009年，符合或近似符合上述条件的研究论文只有52篇。虽然这些文章揭示了从浮游植物到大型哺乳动物都有对气候变化的响应，但多数限定在特殊生境或特定指标上，尚无法全面勾勒出整个北冰洋生态系统的变化。

另外，当前还不能确定生态系统的变化对气候变化的反馈是正还是负，而反馈的正负决定了生态响应会逐渐加速还是减速。在气候变暖条件下，极地环境会"由白变蓝"。这种响应可能对气候变暖造成正反馈（加剧），因为海水吸收热量的能力增强而滞留温室气体的能力减弱。海冰消退后更多的冰山进入海洋，对近海底栖环境的刮擦作用会释放原本储存在沉积物中的碳汇，同时也损伤了底栖动物固定"蓝碳"的能力。反馈作用也可能是负的，即延缓气候变暖的趋势。海冰消退会激发更大的浮游植物水华，并导致底栖动物更快地生长。同时，陆地冰架的崩塌导致更多的微量元素（主要是铁）进入海洋，激发了初级生产力水平，并固定了更多的二氧化碳。

抛开这些不确定性因素，我们仍然可以梳理冰冻圈海洋生态系统变化的基本脉络。既然冰雪是重要的生境，那么冰冻圈海洋生态系统变化首先受到影响的是栖息其中的生物。海冰（冰藻）生物量和生产力的变化会沿食物链传递到其他生物，这种影响可能来自两个方面：一是生物量的减少；二是物候学的变化，也就是生产季节的提前。因此，在这里我们讨论的对象不仅包括冰雪生态系统，还包括海洋生态系统。

6.2.1　生境变化

海冰是极地海洋特有的生境，也是对气候变暖最敏感的生境，整个生态系统的响应可能主要是由海冰消退传导的。通常人们更加关心环境温度的直接变化，然而从目前的研究结果来看，温度升高的生态效应远没有海冰消退的影响深远和巨大。首先，冬季海冰覆盖期的水温不会因海冰变薄而升高，而且夏季水温升高也是一个缓慢的过程，不会对生境的物理条件造成颠覆性改变。其次，温度升高主要对应生物生长速度加快和低纬度种类入侵，种类组成的改变对生态系统功能，尤其是高营养级动物的影响较小。

具体到生物种类，其对海冰消退的脆弱性或者濒危程度与其生活史对海冰的依赖度呈正比。对于全部生活史都在海冰中完成的种类，其丰度会随海冰消退逐渐降低，直至消失。海冰中的空隙中往往存在温度和盐度极低或极高的小水体，其中生活着一些特殊的微生物和原生动物。冰表面也附着生长着冰藻和以冰藻为食的后生动物。这些生物中生活史周期越长的越早受到影响。一些多年生的大型甲壳动物，它们丰度的降低随着多年冰的减少已经开始，因为在当年冰中它们无法发育到性成熟。斯瓦尔巴德北部的海冰中端足类种类组成的改变就是如此，一些大型种类逐渐被小型种类所代替。

对于生活史部分在海冰内或者表面进行的种类，其受海冰消退影响的程度与其在替代生境（水体）中同其他生态位接近种类的竞争能力有关。北极熊是一个最受人关注的代表性生物，其在陆地冬眠在冰上捕食，目前关于北极熊的研究也比较多。在海冰快速消退的情况下，它们冬眠结束时海冰已远离陆地，如果这个距离超过它们的游泳能力，它们就只能在陆地上捕食。这种情况在斯瓦尔巴德和加拿大都曾经发生过，或者被关起来或者被捕杀。冰下摄食的北极鳕（*Boreogadus saida*）虽然在不同的海冰覆盖条件下的食物组成显著不同，但其丰度和生长受到的影响都比较小，显示其对环境变化有较强的适应能力。

还有一些生物虽然生活史与海冰没有直接的关系，但对冰藻-浮游植物的持续水华有极强的适应能力。比较典型的是南极大磷虾和北极大型桡足类极北哲水蚤，它们春季生殖既可以利用前一年夏、秋季储备的油脂，也可以利用冰藻，无论何种情况它们都可以连续摄食冰藻和浮游植物，相比利用当年摄食得来的能量进行生殖的种类，它们具备更大的资源利用优势。海冰的消退虽然不会直接对其生殖活动产生负面影响，但它们的这种相对优势将逐渐消失。这一点在季节性海冰覆盖的北太平洋得到充分验证，海冰消退对以冰藻为食的桡足类产生影响，并且间接影响到以桡足类为食的狭鳕种群补充，但是在楚科奇海陆架区并没有观测到摄食冰藻的桡足类种群丰度随海冰消退而降低，可能的原因是海冰厚度降低会使冰下水体出现硅藻水华。

除了气候变暖的直接影响外，生境的环境条件也会因径流、洋流等的改变而改变。冻土融化和降雨增加都会导致夏季地表径流入海通量增加，这不仅会使表层海水淡化，更重要的是使大量陆源营养物质输入，进而激发浮游植物生长。海流的变化会导致低纬度海水（来自大西洋或者太平洋）入侵北冰洋的强度增加。在一般情况下，这些入侵的海水比北冰洋水温更高，而对于太平洋入流水（尤其是阿拉斯加沿岸流）而言，还会带来大量的营养盐。海水入侵也会挟带大量的低纬度浮游生物进入北冰洋，这种现象现在已经有增加的趋势。但是在目前这种条件下，很多随海流入侵的生物尚无法在北冰洋完成繁殖和发育，尤其是在西北冰洋，白令海峡被认为是太平洋入侵物种的"死亡之门"。因此，在这一海域低纬度生物种类入侵尚无法对生态系统造成更大的影响。

相比生物多样性降低的可能性，多样性增加主要来自低纬度海水的输入和种类生物地理学分布的改变。对于缺乏主动运动能力的浮游生物而言，海流的输入是生物多样性增加的主要原因。在一个极端的案例中，一种太平洋的浮游植物出现在大西洋一侧，显示了海冰消退条件下输送作用的显著增强。在浮游动物中，随着暖流入侵的增强，也有更多的种类和个体被输送到北冰洋更深的海盆区。然而，这些入侵种类能否逐渐取代原来的生态等位种仍然是一个疑问。根据目前的结果，虽然一些种类能够进入北冰洋并且在当地产卵，但是孵化率和生长率都极低。也就是说，它们能否对北冰洋生物多样性产生重要影响取决于能否在当地完成种群补充。在中纬度海域，生物随着气候变暖分布范围向两极移动已经得到了很好的证明。在北极海域，这种北移现象在底栖动物和鱼类这些运动能力更强的生物中更加明显。它们与海冰的关系并不明显，而主要与温度升高有关。

对于鸟类和大型海洋动物而言，它们对海冰的依赖度并没有小型生物那么高，对温度变异的忍耐度较高，其对环境变化的响应主要是通过食物链的级联反应实现的。例如，厚嘴海鸥和海象，它们数量变化的原因在于它们食物（底栖动物）种类和丰度发生了变化。

6.2.2　物候学改变

之所以强调物候学的影响是因为，对于极地生物的生物而言，最重要的往往不是它们能够获得多少食物，而是在需要的时候能否获得食物。它们为了能度过寒冷无光的冬季，多数选择在春夏季完成生殖并储存足够的能量。由于极地海洋初级生产力水平总体较低，而生物相对于低纬度的相似种体型又比较大，因此很多种类生活史周期超过一年。即便体型只有几个毫米的桡足类浮游动物，如极北哲水蚤也至少需要 4 年才能达到性成熟。

前面提到的北极熊冬眠醒来无法登上海冰也是物候学改变的例子，但是对于小型初级消费者更重要的是与初级生产者在生长季节上的匹配。海冰变薄和融化期提前会导致水体浮游植物水华期提前，并且冰藻对总浮游植物的贡献率降低。对于水体中以北极哲水蚤（*Calanus glacialis*）为代表、在冬末春初以冰藻为食物来源的大中型浮游动物而言，它们会因错过最佳摄食期而对生长和繁殖造成不利影响（图 6.6）。没有被摄食的冰藻沉降到海底会增加底栖动物的食物来源。当然，这只是针对冰藻的假设，近年来观测到的冰下浮游植物水华可能会抵消这种不良反应，其对北极哲水蚤更加有利。在楚科奇海曾经观测到北极哲水蚤丰度异常增加。

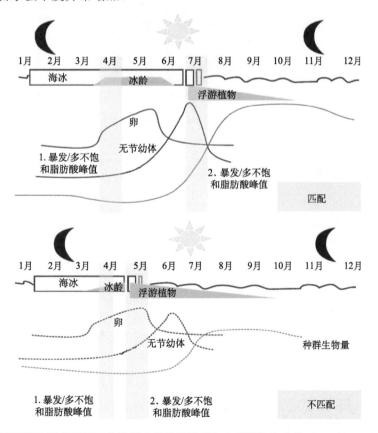

图 6.6　不同海冰覆盖场景下北极哲水蚤种群发育与水华期的吻合性（Søreide et al., 2010）

6.2.3　生态系统营养结构变化

气候变化在生态系统水平上的影响主要是稳态转换，是指生态系统在结构和功能上发生的显著、可持续的变化。这种变化可能发生在种类组成上，或者营养结构以及其他方面，因为其能够显著影响生态系统服务功能而受到广泛重视。极地等高纬度海域因生态系统结构相对简单，也更容易出现这种显著的变化。20世纪80~90年代阿拉斯加湾和格陵兰海域都出现过类似变化，表现在渔获物上就是由虾变成了大型鱼类或者相反（图6.7）。然而，目前相关的研究都是稳态转换发生后的追溯式研究，由于发生机制复杂而无法提前预测，而且在北冰洋也没有类似的报道，因此只从驱动因素（初级生产力）和演替机制（营养结构）两个方面对其发生的可能性进行探讨。由于北极气候条件的特性，北极海冰消退速度更快，本小节主要以北冰洋为例来介绍生态系统营养结构与气候变暖的关系。

20世纪60年代　　　　20世纪70年代　　　　20世纪80年代

图6.7　阿拉斯加湾30年间主要拖网渔获物的变化

1. 初级生产力的变化

海冰消退主要表现在厚度减小、覆盖面积减小、多年冰减少、覆盖季节缩短等方面。另外，冰上积雪厚度和形态的变化也会影响海冰透光率等物理属性。海冰生境有独特的生物群落，既有群落内的食物链级联反应，也会通过有机物沉降和生物迁移等与水体生物群落发生相互作用。从初级生产者的角度看，冰藻是该生境特有的组分，与水体浮游植物既相互补充又相互竞争。不考虑营养盐限制，海冰消退对水体初级生产者的影响肯定是正面的，而对依附海冰生长的冰藻则因地而异。对于海冰生境中的消费者，尤其是生活史周期较长的动物，负面影响是主要的，这一点在斯瓦尔巴德北部的端足类甲壳动物丰度长期变化中已经有明显的证据（Barber et al.，2015）。

从目前的研究结果来看，无论是遥感数据还是实测数据，都得出北冰洋的初级生产力在近年来是升高的。北冰洋最早被认为是生物的"沙漠"，1994年美国/加拿大从楚科奇海穿过北极点到南森海盆的联合航次调查否认了这种观点。楚科奇海（属陆架海区）

浮游植物总颗粒碳生产速率最高，为 2570 mg C/（m²·d）， Makarov 海盆和南森海盆的值分别为 73 mg C/（m²·d）和 521 mg C/（m²·d）。很明显，陆架区具有极高的生物生产力，而在深水的海盆区则较低。Gosselin 等（1997）的研究认为，北冰洋中部总初级生产力可达 15 g C/（m²·a）， 这个值是历史估计值的 10 倍以上。

如果说这期间是早期低估的结果，其后的研究则清楚地表明初级生产力随海冰消退而升高。2003～2007 年，泛北极海域的初级生产力平均每年升高 27.5 Tg C，其中 2007 年的生产量相比 1998～2002 年的平均值增加了 23%，浅水陆架区增加尤为明显，西伯利亚还增加了 2 倍，拉普捷夫海和楚科奇海比过去增加了 65%。根据数据比较，初级生产力增加的 30% 可以用无冰区面积增加来解释，而剩下的 70% 则要归功于无冰期的延长。

年度海冰覆盖面积降低和初级生产力增加值之间有显著的线性关系。2003～2007 年，海冰面积每减少 $1×10^6$ km²，北极的初级生产力增加 163 Tg C/a，超过 1998～2002 年的 122 Tg C/a。如果以现在 5～6 月的海冰覆盖面积 $12×10^6$ km² 测算，夏季完全无冰状态下的初级生产力能够超过 1300 Tg C/a，约为 1998～2002 年初级生产力平均值（416 Tg C/a）的 3 倍。

当然，我们有理由怀疑营养盐供给是否能够支持如此大幅的初级生产力增长，然而气候变暖也会增加北冰洋的营养盐输入。首先，冻土融化和地表径流增加导致营养盐输入增加。其次，亚北极海域存在大量高营养盐的次表层水，未来增加的暖水入侵也会带来大量的营养盐补充。白令海盆就是高营养盐、低叶绿素海区，由这些水源提供的太平洋入流水将对北冰洋特别是楚科奇海陆架高生产季的营养盐供应产生潜在影响。

初级生产是生态系统物质循环的基础，其增加势必会驱动生态系统固碳能力和生物资源的增加。但是，这种增加有明显的区域差异。显著的增加将主要发生在陆架区，这里海冰消退最明显，接收的陆源和亚北极暖流输入的营养盐也最丰富。反之，在海盆区，虽然海冰变薄也会导致初级生产力增加，但会很快受到营养盐限制。在加拿大海盆，一项研究表明，总初级生产力水平并没有增加，只是大型浮游植物被小型种类取代。临近海域的浮游动物也表现出类似的格局，只是大型种类的增加导致了总生物量的增加。

2. 能流途径变化

支持北冰洋生态系统会发生结构上稳态转换的另一个理由来自其独特的能量分配模式，即"冰藻-底栖动物"食物链在整个营养结构中的主导地位。海冰覆盖条件下，冰藻除了支持海冰生物群落外，也会随着海冰融化而进入水体。但是，这一过程是在融冰期爆发式进行的，因此大部分冰藻来不及被浮游动物摄食就沉降到海底。其直接的后果就是，海洋中传统的"浮游植物-浮游动物-鱼类"食物链在北冰洋陆架区的能量流动中只占一小部分，而冰藻支持的底栖动物生物量巨大。这一点在楚科奇海尤为明显，只有大约 15% 的初级生产力进入浮游食物链，而其余的 85% 进入了底栖食物链。通过对楚科奇海和巴伦支海的比较发现，楚科奇海中浮游动物，尤其是富含脂类的大型桡足类的缺乏，是前者渔业资源量明显低于后者的主要原因。

在海冰消退的前提下，底栖食物链的主导地位会被浮游食物链取代，这是目前关于北冰洋陆架区生态系统演变最重要的科学假设，这一假设最早得到验证的海区极有可能就是楚科奇海（图6.8）。最近的研究也发现，北极哲水蚤在楚科奇海大量出现。尽管增加的北极哲水蚤是由太平洋输入还是本地繁殖仍然存在争议，但是观测事实说明浮游食物链的重要性正在增加。

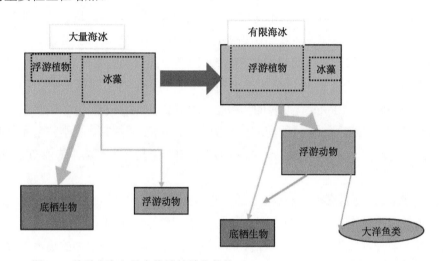

图 6.8 楚科奇海主导食物链的转化趋势（Carroll M L and Carroll J，2003）

6.3 冰冻圈陆地生态系统对全球变化的反馈

6.3.1 温室气体排放与大气成分调节

陆地生态系统与大气间以光合作用和呼吸作用为主要途径进行着大量的碳交换，调控着大气温室气体含量及全球气候。由于低温环境的限制作用，冰冻圈生态系统与大气间的碳交换强度较低，碳汇作用较弱，在一定程度上调控着大气温室气体含量及气候变化。就目前的认知而言，陆地多年冻土中已知的碳库储量高达 1330～1580 Pg，其中超过 800 Pg 的碳冻结在多年冻土中，并未参与到全球碳循环中。然而，在全球增温背景下，冰冻圈生态系统与大气间的碳交换程度明显增加，显著增强了冰冻圈生态系统在气候变化中的调节作用（图6.9）。此外，更为重要的是，冰冻圈生态系统，特别是多年冻土生态系统在历史时期封存了大量的有机碳，如环北极地区多年冻土碳储量约 1035 Pg C，青藏高原多年冻土碳储量约 15 Pg C（Schuur et al., 2015；Ding et al., 2016），远超当前大气中的碳含量。冻土变化对土壤生物群落结构和功能产生较大作用，直接影响土壤微生物的生长、矿化速率和酶的活性以及群落组成；同时，在地下部分碳输入、土壤水

分和养分有效性等方面间接地影响土壤微生物群落，后者的变化则通过改变分解速率和
CO_2、CH_4 释放等直接影响区域和全球碳循环。因此，在全球变暖背景下，一方面增温
会显著增加冻土的微生物活动和冻土融化，促进封存碳的供给、利用和呼吸排放损失；
另一方面增温后冻土融化会增加土壤含水量，改变土壤的好氧环境，改变土壤 CH_4 的源
汇方向，造成土壤碳以 CH_4 形式的排放损失（图 6.9）。总之，多年冻土碳库在增温下的
大量损失和排放会显著增加大气温室气体含量，进一步促进全球的增温效应，形成正反
馈过程（MacDougall et al., 2012）。

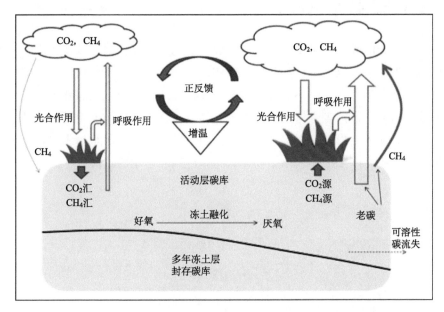

图 6.9　陆地冰冻圈生态系统碳循环及其对气候变化的响应过程

多年冻土碳网络（www.permafrostcarbon.org）认为到 21 世纪末，5%～15%的多年
冻土区土壤有机碳将会分解释放（Schuur et al., 2015）。如果取其中间值 10%计算，则意
味着将有 1300 亿～1600 亿 t 碳进入大气中。由此，多年冻土区土壤有机碳对气候变化
具有重要影响，但 5%～15%这一较大的变化区间也说明了对其分解的认识存在很大不确
定性。大量数值模型模拟预估结果表明，在未来持续增温背景下，到 21 世纪末，北极多
年冻土区的碳排放量达到每年 0.5～1.0 Pg C 的规模，这和全球陆地土地利用与覆盖变化
（大部分在热带地区）引起的碳排放规模相当（估算为每年 1.5 ± 0.5 Pg C）。考虑到即便
是森林向苔原演进，所获得的最大碳吸收量是每平方米面积 4.5 kg C，且高大植被取代
低矮草本将加剧土壤碳排放。因此，未来气温升高驱动冻土融化将可能导致北极地区由
巨大的碳汇区转化为巨大的碳源区（Natali et al., 2019）。

另外，寒区特殊的积雪-植被-土壤的水热耦合作用关系，对寒区碳氮排放具有较大
影响。北极灌丛带碳排放增量中，冬季碳排放量具有较大贡献（占年增量的 14 %～

30%），这与积雪变化对土壤碳循环的影响有关。如前所述，高大灌丛比低矮草本更有利于阻拦积雪并增加局部积雪厚度，积雪厚度增加显著提高了土壤温度，从而增加了冬季和春季土壤呼吸速率，进一步增加了土壤碳排放速率。因此，在北半球积雪覆盖面积显著减少的区域大背景下，北极多年冻土区积雪-植被-土壤温湿度间的复杂耦合作用关系也成为北极地区碳、氮等温室气体净排放增加的主要驱动因素。正是由于上述生态过程和机制的调控，冰冻圈生态系统成为未来气候环境变化的重要调节器。

6.3.2　多年冻土区水体碳循环

多年冻土分布的高寒地带是全球增温速度最快的区域，由此导致多年冻土在过去数千年累积的碳被大量释放出来，其释放规模和影响已成为全球变化科学领域的前沿和重点科学问题。增温和冻土退化不仅会导致冻土碳在陆地单元中呈气态释放，也会导致冻土碳被释放到河流、湖泊等水体中。冻土碳库的径流损失会减少冻土区的土壤碳，增加水生生态系统碳输入，影响流域水体碳循环，而且河流、湖泊等水体本身也会转化和释放气态碳到大气中，深刻影响水体生物地球化学过程和多年冻土区碳平衡（图 6.10）。

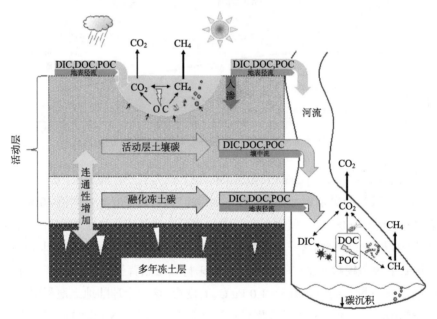

图 6.10　多年冻土区水体碳循环示意图

DIC，溶解性无机碳；DOC，溶解性有机碳；POC，颗粒态有机碳

1. 河流横向碳输出

河流中的碳大多来自陆地，少部分来自内源生产，其类型主要包括溶解性有机碳、溶解性无机碳和颗粒态有机碳。河流碳输移过程不仅影响陆地生态系统碳循环和流域生

物地球化学过程，也会输送更多的陆源碳到下游河口和近海地区，影响下游水环境、水生态和海洋生物地球化学过程。冻土巨大的碳储量可能会影响全球碳循环和气候变化互馈过程。据估计，环北极冻土河流每年输送了 25～36 Tg DOC、57 Tg DIC 和 5.8 Tg POC（McGuire et al., 2009；Tank et al., 2012）到北冰洋。在青藏高原冻土区，长江源区直门达水文站每年输送到下游的 DIC 和 DOC 通量分别为 485 Gg 和 56 Gg（Song et al., 2020a）。

河流碳的水平输送过程与河流水文过程密切关联。径流大小不仅代表着河流输送碳的能力，也影响碳的转化过程，径流组分的不同影响河流碳的性质和年龄。北极冻土河流径流年内分配特征是春季融雪季节的径流达到全年最大，因此全年高达 60% 的河流碳通量在较短的春季融雪季节输出（Raymond et al., 2007）。不同的是，青藏高原地区冬季积雪较少导致春季融雪径流较小，夏季季风降水和融化的活动层带来的高径流使夏季碳输出通量较高（Song et al., 2019）。全球气候变化下的冻土退化、活动层加深，导致封存在活动层下部和冻土层中的老碳正在被大量释放出来（图 6.10）。对北极西伯利亚冻土河流的研究显示，北极河流中 12% 的 DOC 和 63% 的 POC 来自冻土层以及泥炭地中的古老有机碳，总的老碳通量达到 3 Tg C/a（Wild et al., 2019）。在青藏高原的长江源区，83% 的 DOC 以及 47% 的 DIC 来自活动层及冻土层的老碳，老碳 DOC 和 DIC 通量分别为 38 Gg C/a 和 229 Gg C/a（Song et al., 2020b）。大量老碳进入河流将对河流生境产生影响。对北极河流的研究发现，随着老碳比例增加，河流中鱼类生长和营养状态均呈下降趋势（O'Donnell et al., 2019）。多年冻土的退化会使流程增加，活动层和冻土层水力连通性增加，地下水文过程更加活跃，这些影响会改变冻土流域的河流碳组成和输出过程。

2. 水体气态碳排放

多年冻土区水体富含 CO_2 和 CH_4 等气态碳，其主要来源包括有机质分解转化、土壤呼吸横向输出、地下水以及深部地质来源等。水体 CO_2 和 CH_4 排放过程直接影响大气温室气体浓度，进而影响冻土碳-气候反馈过程。对北极和青藏高原地区的研究均已发现冻土区河流、热融湖塘等水体处于 CO_2 和 CH_4 过饱和状态，因此多年冻土区水体是重要的 CO_2 和 CH_4 排放源，其中 CO_2 的排放方式是扩散排放，CH_4 的排放方式有扩散排放和起泡排放两种方式。水气界面 CO_2 和 CH_4 扩散排放通量取决于水体和空气界面的 CO_2 和 CH_4 浓度差与水气界面气体扩散速率（k）这两个因素。水体 CO_2 和 CH_4 浓度越高，气体扩散潜力越大。湖泊等静水系统 k 与风速有关，河流 k 与水流能量耗散系数有关，后者与流速、比降、河床糙率相关。CH_4 起泡排放通量取决于温度、气压、底泥和水体扰动等，其一般主要出现在湖泊，可采用倒置漏斗法测定。

不同水域因其冻土环境、土壤有机碳库大小等不同，其气态碳排放特征存在较大差异。在西伯利亚鄂毕河流域，河流 CO_2 年释放通量是河流有机碳年输送通量的 2 倍以上；但在北极育空河流域，气态碳排放总量是河流水平碳输出通量的 50%（Serikova et al., 2018）。在西西伯利亚低地冻土区，湖泊年碳排放总量约为 12 Tg C，超过北极近海接收陆源碳通量两倍,并且在冻土分布较丰富的地区碳释放通量更高(Serikova et al., 2019)。青藏高原湖泊的 CO_2 和 CH_4 日均扩散排放通量分别为 73.7 mmol/($m^2 \cdot d$) 和 5.2 mmol/($m^2 \cdot d$),其中 CO_2 通量与 DOC、溶解性有机氮(DON)、盐度和水温密切相关(Yan et al., 2018)。水体 CH_4 排放时空异质性较高,目前研究多集中在扩散排放研究上。对于冻土区热融湖塘和湖泊来讲,冒泡排放是 CH_4 排放的主要形式,但是目前对该过程知之甚少。

3. 水体中碳的迁移转化

水体中的生物、化学及物理过程时刻影响着碳的迁移和转化过程。冻土碳在水体中的迁移转化过程主要如图6.10所示:一部分有机碳经过降解过程转化为 CO_2 等无机组分,剩余的难降解的有机碳分量随径流输送到下游或沉积于湖泊或河床底部;在水生生物作用下,无机碳可以被利用合成为有机碳;在无氧环境下产甲烷菌可以利用有机物合成 CH_4,在有氧或富氧环境下 CH_4 也有可能被甲烷氧化菌氧化为 CO_2。有机碳在水体中的降解过程包括生物降解和光化学降解,这两个过程主要受到温度和太阳辐射的影响。冻土微生物降解的有机质主要集中在单宁类、稠环芳烃类和木质素类物质中。对北极融化冻土 DOC 的室内培养实验显示,接近一半的 DOC 会转化为 CO_2(Drake et al., 2015)。DOC 在河流中的生物可降解性存在空间差异,上游河源区小溪流的 DOC 生物可降解性更高,多年冻土地区 DOC 的生物可降解性要高于非冻土区(Vonk et al., 2015)。对青藏高原西北部冻土小流域的研究发现,DOC 的生物可降解性随着活动层融化深度的增加而减小(Mu et al., 2017)。冻土中的古老有机碳同样可被分解利用,但是老碳和新碳的分解优先级或难度存在差异。古老有机质中的低分子量有机酸会被快速优先分解产生 CO_2(Drake et al., 2015)。对北极冻土流域科雷马河 DOC 分解的研究发现,冻土流域河流微生物利用的碳的年龄已达到 10000~20000 年及以上,并且老碳的生物可利用性较高,会被优先利用。然而,也有研究表明,多年冻土区水体释放的 CO_2 和 CH_4 主要是由新碳贡献的,在新碳供应充足的情况下微生物会优先利用新碳,此时老碳的释放对于水体碳排放影响有限(Dean et al., 2020)。

总体而言,冻土流域河流水平碳输出组成及通量方面已取得较多进展,但是水体气态碳来源及形成还存在很多未知,其排放通量由于观测的缺失还有较大的不确定性,尤其是水体 CH_4 排放时空异质性较高,尺度推绎难度较大。随着冻土消融,微生物活动强度和可利用碳源均会增加,这可能会加快冻土区有机碳的迁移转化过程并增加水体气态碳释放。

6.3.3　对全球气候的调节作用

冰冻圈,作为特殊的下垫面,其以高反照率和水分循环功能,起着调节全球和区域气候的作用，在全球气候调节方面发挥着至关重要的作用。雪被、冻土等作为重要的冰冻圈要素，其变化在气候系统中扮演着非常重要的角色。由于冰雪具有较高的反照率，其时空变化会显著地影响全球能量平衡及水循环过程，从而改变区域或全球尺度的气候动力过程，影响气候变化。新雪被的反射率可达 95%，而陆地表面的平均反射率仅为 10%～35%。冰川退缩和雪被消失将使地球表面吸收更多的太阳辐射，从而影响地球热量平衡。此外，全球气候变化使得冰冻圈陆地生态系统植被分布发生改变。植被分布可以通过改变下垫面来改变地面反照率，从而调节地表对太阳辐射的吸收程度。

地球表面在吸收太阳辐射的同时，又将其中的大部分能量以辐射的形式传送给大气（即地面辐射），该过程受到地表温度的控制。这部分辐射属于长波辐射，除部分透过大气奔向宇宙外，大部分被大气中的水汽和二氧化碳所吸收，使大气增热。因此，地表温度变化及地球覆被变化（雪被、冰川和植被的变化）通过改变地面反照率和辐射分布来影响地球热量平衡，从而对气候产生调节作用。冻土作为冰冻圈生态系统的重要参数，冻土变化不仅通过改变地-气间水热交换过程对气候系统产生重要作用，同时还影响全球碳循环和气候变化。从全球水量平衡来看，冰冻圈的扩展意味着液态水的减少，水循环的减弱，反之亦然。全球陆地冰范围和海平面的变化通过固-液水循环相变过程将大气、海洋、陆地和生态系统紧密地联系在一起，成为气候系统变化过程中起纽带性的关键因素之一。

6.4　人类活动对冰冻圈生态系统的影响

6.4.1　陆地生态系统

1. 土地利用变化的影响

冰冻圈生态系统作为陆地生态系统的重要组成部分之一，除其本身的生态功能外，还兼具景观和生产功能。虽然冰冻圈环境恶劣，但人类对该区域的开发和探索从未停止，导致冰冻圈土地利用方式发生变化。人类活动对冰冻圈土地的开发主要表现为放牧利用、旅游开发、公路修筑、能源开发、军事基地修建和科学研究等。在北极苔原和高山苔原地区，土地放牧利用历史悠久。然而，气候变化导致的温度、降雨、积雪、灌木扩张等的变化，正在对苔原游牧民族放牧区域和时间产生威胁。驯鹿数量众多，通过对植被和食腐动物的影响，对生态系统的结构和功能起着重要的控制作用。大量的驯鹿啃食导致苔原上的地衣和北极低河岸平原上的高大灌木严重退化甚至消失，加拿大黑雁群数量过多导致北极湿地植物群落退化等（Kitti et al., 2009; CAFF, 2013）。在过去几十年里，北欧国家和俄罗斯北部涅涅茨地区的鹿群数量大幅增加，目前已达到或接近历史高点。人们对苔原地区放牧的可持续性产生了担忧，管理畜群和牧场的最佳方法成为人们关注的热点主题（Hausner et al., 2011）。过去几十年，包括政府政策等各种原因限制了萨米族驯鹿人的生活，特别是基础设施和公路建设对传统放牧地的占用，迫使其不得不开辟新的牧场，从而对苔原生态系统产生新的影响；近年来，由于过度放牧，青藏高原高寒草地生产力下降、生物多样性降低、鼠害加重，从而进一步加剧草地退化。如何合理管控食草动物种群的生态压力，已成为维持稳定冰冻圈生态系统面临的巨大挑战。这种管理需要同时考虑放牧压力增加的积极和消极影响，以及高食草动物密度的其他生态系统的影响等（CAFF, 2013）。

在冰冻圈作用区，陆上石油和天然气开采行业逐渐发展起来，过去主要集中分布在部分地区，如在阿拉斯加北坡，特别是加拿大的麦肯兹河谷和三角洲地区，以及俄罗斯境内的蒂曼-佩科拉和西伯利亚西部盆地等。然而，近年来工业正在迅速扩展到环北极的许多地区，且随着气候变暖，自然资源的可获得性不断增强，多种新型资源的开发利用在经济上更加可行，在冰冻圈陆地生态系统区域的工业将迎来发展更加迅猛的阶段。在陆地生态系统中，围绕工业发展的主要问题是：大多数类型的人类影响都会降低苔原植被的物种丰富度，并可能诱发植被迁移或生物入侵，这些影响的结果可能持续几十年，甚至几百年。在某种程度上，人为的机械干扰类似于一些较大自然过程的影响，如滑坡、冻融扰动等，将刺激生态系统发生较大变化（Kumpula et al., 2012）。

2. 交通与城镇化的影响

道路交通为人类社会带来巨大效益的同时，对自然环境和生态系统的影响也在不断加大，道路对自然环境和生态系统的影响已涉及全球陆地面积的 15%～20%。公路对生态环境施加了一种切割、隔离、阻碍或扰动作用，从而将加剧森林破碎程度，使沿线植物生境丧失、生态环境改变及路侧植物改变等。道路还对动物种群产生影响，包括道路交通致死、道路回避和巢区转移、迁移路线改变及障碍作用导致生境和种群的破碎以及生物种群的退化、弱化等。此外，交通建设还带来环境污染、交通噪声、生物多样性减少、外来物种入侵、生态系统恢复力下降和景观失调等生态环境问题。道路交通的以上影响一般表现在公路用地范围内，但有些影响可延伸和跨越较远的距离。

由于冰冻圈生态系统生长环境严寒，植物生长季短，生物多样性相对较低，具有相对脆弱的特点，因此交通网络对生态系统的以上影响在脆弱的冰冻圈生态系统尤为显著。同时，交通建设还给冰冻圈生态系统带来一系列其他威胁。首先，国外曾开展的一系列植被恢复试验表明，高纬度多年冻土区的植被恢复十分困难。多数受扰动的地方可以在几十年内发展成为一个功能生态系统，但要恢复到原生生态系统则非常困难。因此，交通系统对其的扰动可能给生态系统带来不可逆的影响。作为中国五大水系发源地的青藏高原的植被对地表热收支和水土保持具有重要影响。而青藏高原由于受高寒、干旱、多风等因素限制，其生态环境十分脆弱，植被一旦遭到破坏就难以恢复，从而可能会加剧高原草地退化和水土流失、影响野生动物觅食和繁殖、造成高原生态景观破碎化等严重生态问题。交通工程建设中的路基填筑、取弃土场和施工便道等工程若处理或恢复不当，可能会对高寒草原、草甸生态系统产生超负荷的干扰，使扰动区域损坏高寒植被赖以生长发育的地表土壤，影响植被恢复种源，形成由土壤深层母质组成的次生裸地。虽然我国在退化草地生态系统等方面的植被恢复工作取得了很多成果，但是在海拔4000 m以上的高寒次生裸地上进行植被恢复与再造则还没有成功的先例。其次，冻土作为冰冻圈生态系统中特殊的存在，对冰冻圈生态系统的水资源供应和植被群落的维持具有重要作用，会受到道路交通的影响。道路交通破坏冻土环境，使路面下冻土活动层有一定程度的增加、冻结深度减小、融化间层厚度增加等改变，甚至使局地岛状冻土消失，进而对冰冻圈生态系统植被和水循环产生影响。

城镇化过程包括人口职业的转变、产业结构的转变、土地及地域空间的变化。为了服务城镇需求，城镇化过程将首先造成土地利用的改变，对生态系统产生直接的根本性影响。其次，城镇化过程中伴随着对生态环境的污染与破坏，而污染物的积累和迁移还会引起各种衍生的环境问题，这样的后效环境问题会给生态环境和人类社会带来持久的危害。而城镇化对冰冻圈生态系统的影响则更为深刻，除了以上影响过程外，城镇化还通过对气候和冻土环境的改变来对冰冻圈生态系统产生重要影响。城镇特殊的下垫面（如房屋、地面、路面和其他砼地表）改变了原来天然地表辐射条件，使地表吸热量增加，加之人口聚集、机械散热及工业生产等，城镇表现出明显的"热岛"效应。城镇化带来的"热岛"效应，使得城镇及周边地区气温和地温升高，对冰冻圈生态系统产生直接影响。城镇"热岛"效应会严重破坏冻土环境，使多年冻土活动层降低，甚至使多年冻土层完全消失，对冰冻圈生态系统和水循环产生重要影响。城镇规模和范围越大，这种影响就越明显。以中国东北的加格达奇、大杨树镇为例，其在20世纪50年代开始兴建时，普遍发现有冻土岛。城镇化使得加格达奇内多年冻土上限由1964的1.7 m增加到1974年的深达6 m以下。经过约半个世纪的城镇人为活动，目前加格达奇和大杨树镇内多年冻土大多退化或被深埋。

6.4.2　海洋生态系统

根据2007年2月发布的IPCC第四次评估报告，在1906~2005年，全球平均地面温度已经上升了0.74℃。IPCC评估报告进一步认为，造成上述全球变暖的主要原因是工业革命以来，人类活动所产生的大气温室气体的排放。这种由温室气体排放导致的全球变暖无疑是对海洋冰冻圈影响最大的人类活动。为此，本书中将有专门章节进行阐述，这里主要讲其他人类活动对海洋冰冻圈的直接影响。

1. 气溶胶（黑碳）

这里特别提出黑碳是因为应环保组织的呼吁，国际海事组织正在考虑是否在北极水域停用极低含硫量燃油（VLSFO）。这种燃油虽然降低了硫排放，但是增加了黑碳排放，还会加速冰雪融化。

气溶胶是由固体或液体小质点分散并悬浮在气体介质中形成的胶体分散体系，又称为气体分散体系。虽然气溶胶有人为来源的也有自然界产生的，但其增量部分无疑主要来自人类活动。使用化石燃料所形成的烟、采矿等释放的固体粉尘、人造的掩蔽烟幕和毒烟等都是气溶胶的重要来源。

IPCC 第五次评估报告的结论是，总体上气溶胶对气候系统具有冷却效应。但是其中没有包括在冰雪表面吸收性气溶胶产生的约 $0.4W/m^2$ 的辐射强迫，而且其中的黑碳气溶胶产生的辐射强迫也是正的。

气溶胶对气候的影响主要通过改变大气反照率进而作用于总辐射强度来实现，但是对于冰雪系统而言，气溶胶沉降在冰雪表面后同样会降低其表面对太阳光的反照率，这就是它增加冰雪表面辐射强迫的主要原因。另外，冰雪中的颗粒物质主要来自大气沉降，这些外源物质输入也会对冰雪生物群落造成影响。

2. 化学化工污染物

海洋污染是全球性的问题，并且目前还没有得到有效控制的迹象。现有的调查结果显示，极地海洋生态系统也没能幸免，重金属、持久性有机污染物，甚至最新开始研究的微塑料，在极地海域都有发现。

虽然人类在极地的活动会直接带入这些污染物，但是通常认为从中低纬度地区输送的比例更大。其输送的途径包括：①大气传输；②洋流传输；③随着生物迁徙而传输。目前，在极地海域发现的污染物既包括最新的污染物，又包括已经禁止使用30年以上的传统污染物。这不仅说明污染物输送过程的贡献，并且输送的速度可能比原来设想的要快。

污染物在极地海洋生态系统的迁移规律与其他海域并没有显著差异，都是食物网的级联效应，沿营养级逐渐富集。但它的分布也受极地条件影响而有不同之处。由于极地的冷阱效应，很长一段时间内它们可能会在极地内部循环，尤其是在不同环境介质之间循环。同时，因为极地海洋生物，特别是大型海洋生物的生活史周期较长，所以理论上它们富集污染物的能力也要比中低纬度海洋生物强。如果接受极地污染物主要由中低纬度输送的观点，那么污染物在极地海域的迁移还与物理和生物过程有关。冰-气、冰-水、表层和深层海水之间的交换强度决定了其迁移能力和范围。另外，由于极地海域很多大型生物都有季节性垂直移动的特点，因此这一生物过程也会导致污染物向深层传递。例如，南极大磷虾，它们春季上升到表层产卵和摄食，冬季沉到深层水中越冬，这样深层以磷虾或者磷虾尸体为食的生物也有了富集污染物的机会。

3. 商业捕捞

极地海域的商业捕捞是人类活动最直接的影响方式，其历史要比科学研究历史长。

一个多世纪以前，就有船只前往南北极海域捕捞鱼类、海豹和其他大型哺乳动物，以获取食物、油脂和皮毛。早期的捕捞强度造成了温带的一些大型哺乳动物，如大海牛的灭绝。恶劣的环境使极地生物免受灭顶之灾，至少受影响程度上要比中低纬度海域轻。

近几十年的商业捕捞，尤其是《国际禁止捕鲸条约》签订以后，对大型哺乳动物的商业捕捞仅限科研用途和土著居民，而捕捞对象集中在磷虾和鱼类上。目前，只有少数国家，如日本有经常性的捕鲸活动。

但是过度捕捞还是在极地海域不可避免地出现了。即便在南大洋，南极海洋生物资源养护委员会（CCAMLR）虽然制定了严格的养护措施，但像犬牙鱼这样的高价值品种仍然出现了小型化等过度捕捞迹象。南极大磷虾虽然有严格的配额，而且从目前捕捞强度上看都不能完成配额的渔获量，但仍然有研究发现海豹等大型生物有饵料缺乏的现象。北冰洋的渔业主要集中在格陵兰海域和巴伦支海，目前鱼类资源结构和种类组成上都出现过度捕捞的迹象，已经有严格的养护措施出台。

不同于中低纬度海域，极地海域有少数商业捕捞强度是降低的，主要是渔获量本来就不大而且以土著居民为捕捞主体的海域。从重建的渔获量来看，北冰洋地区拉普捷夫海和东西伯利亚海并没有表现出与其他海域一样的上升趋势，而表现出逐渐降低的趋势（Zeller et al., 2011）。根据研究结果，这主要是捕捞努力的缘故。只是在 20 世纪 80 年代以前，苏联向极地区域流放和迁移的居民增多，以及美国科策布湾（Kotzebue Sound）渔业经济的兴起，导致渔获量增加。随后极区居民生活习惯的改变和摩托雪橇的引入导致渔获量减少。

4. 北极航道与工业活动

极地海域的商业航行比较少，船只航行造成的直接污染，以及沉船、溢油等突发事件的影响通常也比较少。但是，这种情况会随着北极航道的开放而逐渐改变。目前已经开始有商船通过西北航道，并且数量呈逐年增加的趋势。

商业航线的形成对北极的环境影响可能逐渐增大，可能在以下几个方面对北极海洋生态系统产生影响：首先是船舶生活废弃物排放，其次是船舶溢油、声学污染等，还有船舶压仓水导致的外来物种入侵风险。

相比南极，北极的陆基和部分海基工业活动也会对生态环境造成影响。首先是污染物排放，其次是海基的工业设施如石油管道等也会成为污损生物的附着基。

6.5　全球变化下的冰冻圈生态系统服务与生态安全

6.5.1　冰冻圈生态系统服务

冰冻圈是气候系统的重要组成部分，对气候变化具有高度敏感性。冰冻圈主要通过其变化引起的下垫面性质与反照率变化、相变潜热交换、水分迁移等过程对气候环境产生重要影响，这种影响可导致气候发生逆转性变化。冰冻圈生态系统对于保护生物多样性、保持水土和维护生态平衡有着重大的生态作用和生态价值。冰冻圈通过气候调节作用为人类营造了适宜的人居环境，提供了大量的淡水资源、高山水电和天然气水合物等清洁能源、多样的冰冻圈旅游产品、独特的冰冻圈文化形态，以及特有生物种群栖息地等，是全球高海拔和极区人口、资源、环境、社会经济可持续发展的物质基础和特色文化基础，具有独一无二的冰冻圈服务功能。冰冻圈为寒区定居和迁徙种群提供生境服务，为人类提供居住场所，为其相关陆地海洋生物提供丰富的异质性生存空间和多样化的庇护场所，同时也是一些特有珍稀或濒临绝种的野生动植物种源保护地。冰川是中国西北干旱区的重要水资源，对中国水资源起到补给作用，对河流径流有削峰补缺调节作用。出山口径流的变化与流域内冰川面积大小及其变化密切相关，当流域冰川覆盖率大于5%时，冰川融水对河川径流产生显著影响。尤其是青藏高原高山苔原生态系统主要分布在黄河、长江等我国主要水系的源头区，对于保护河流源区的生态环境而言，冰川的生态屏障功能极为重要。

1. 极地海洋渔业资源

根据联合国粮食及农业组织（FAO）的统计，对 19 个海洋渔区的渔获量进行比较可知，北冰洋渔区的渔获量是最低的。2008 年和 2010 年的渔获量较高，但也只有 480t 和 589t，而在 2006 年和 2009 年没有渔获量的报道。尽管北冰洋渔区的面积有 932.8 万 km^2，但是渔获量与同样较低水平的南大洋的太平洋分区相比，也只有其 1/10 的水平。该渔区的渔获量极少，只有苏联在 20 世纪 60 年代向 FAO 上报过的几年的渔获量数据，但也不过是每年几千吨的水平。那么，是否该渔区的渔获量真的如此之少呢？这个问题在北极渔业资源日益受到关注的今天尤为重要，尤其是在全球变暖的背景下。

这个渔区的统计结果并不能完全代表北冰洋的渔业资源水平。因为在 FAO 的渔区统计中，巴伦支海作为北冰洋资源量最高的海域是统计到东北大西洋渔区内的，而格陵兰海域的渔获量统计到西北大西洋渔区内。历史上，北冰洋在渔业资源上的贡献甚至都不如南大洋，在 FAO 的大区统计中，甚至都没有将北冰洋单独列出来，只有毗邻北大西洋挪威海的巴伦支海和格陵兰陆架资源量较大。

但是，我们同时也应该注意到，北冰洋浅海陆架的产量也许并没有 FAO 统计中的那么低。上述的统计中，北冰洋渔区（按 FAO 标准）的渔获量在零到万吨的水平上。曾经有科学家质疑，官方的统计可能低估了北冰洋的渔业资源产量，因为土著居民的捕捞活动和一些小规模的捕捞并没有进入统计范围。通过对不同统计方法的比较可以看出，统计误差是存在的。除进入北大西洋渔区统计的渔获量外，北冰洋的渔获量应该至少有每年万吨的水平，尽管其对世界捕捞量的贡献非常小。

根据周边海洋计划公布的数据，在北冰洋中心区（LME #64）的确因为海冰覆盖的关系，迄今没有任何关于捕捞活动的报道。但是，FAO 第 18 渔区包含的其他 7 个大海洋生态系却有渔获量的报道，合并的渔获量超过百万吨。有科学家根据环北极俄罗斯、美国和加拿大的各种捕捞数据重建了第 18 渔区的渔获量，发现渔获量存在显著的年际和空间变化。重建的平均年渔获量为 1 万～2.5 万 t，极端情况下可以达到 10 万 t 的水平。喀拉海的渔获量在各个大海洋生态系中最高，接下来是拉普捷夫海和东西伯利亚海。这一研究结果与上面的统计又存在明显的差异，其渔获量水平介于上述两个统计结果之间，但楚科奇海的渔获量并没有 SAU 报道的高。

尽管对第 18 渔区的渔获量统计存在较大的争议，但是可以确定，捕捞活动在该区域内是长期存在的，只是并没有形成规模而已。

2. 极地海洋微生物和基因资源

南北极地区自然环境独特，为了适应低温、干燥、高辐射等严酷环境，极地微生物在选择进化的过程中，在基因组成、酶学特征以及代谢调控等方面形成了独特的分子生物学机制和生理生化特征，也形成了在环境适应方面对极地微生物具有重要作用的代谢特征。因此，南北极地区被认为是潜在、重要的微生物资源库，也是产生新型生物活性物质和先导化合物菌株的潜在种源地。尽管对极地微生物次级代谢产物的研究还相对较少，但近年来国内外的研究已从极地微生物中得到了许多结构新颖且具有良好生物活性的天然产物，显示了其巨大的应用潜力。

目前，在南极嗜冷细菌中分离得到的新二酮哌嗪类化合物、线性肽类化合物表现出抗氧化活性。霉菌和放线菌中也分离出一系列具有抑菌、抗癌等多种活性的物质。

3. 极地海洋观光旅游

极地海洋观光旅游是一个新兴事物，发展态势很好。目前，南极海洋生物资源养护委员会的保护区方案中，已经开始考虑未来旅游产业给极地环境造成的影响，包括可能产生的污染、对极地生物的惊吓等。极地海洋观光旅游容易导致环境压力的一个重要原因在于目前只有少数安全、环境相对舒适的地方适合旅游，如南极半岛，因此也容易造成局部压力过大。

6.5.2　冰冻圈生态系统服务对全球变化的响应

1. 北极航道

近年来，随着全球气候变暖，北极海冰逐渐消融，北极航道以其潜在的航运价值和战略意义成为各国关注的焦点。IPCC 预测，北极夏季自 2070 年开始将出现无冰时代。然而，按照中国第四次北极科学考察的相关研究成果推测，北极海冰的实际变化速率远高于 IPCC 的预测，可能在未来的 30～40 年内，或者 2035 年左右，北冰洋就将出现无冰的夏季。美国加州大学洛杉矶分校最近的研究结果显示，21 世纪中叶，破冰船或许能在夏季穿过北极点通航，从而开辟一条可能改变全球海洋航运格局的新航道。

2. 极地渔业资源

1）渔业资源变化的原因和趋势

随着海冰消退被科学观察和研究证实，人们开始关心北极和亚北极海域的鱼类群落会发生相应的变化。同时，海冰的消退和由此导致的陆上径流增加也会增加北冰洋，尤其是沿岸海域的生物生产力，因此鱼类的资源也有提升的潜力。遵循这样的思路，气候变化对北冰洋渔业资源的影响首先是温度等因素对生物适应性的直接作用，其次是食物网级联作用导致的间接反应。渔业资源的变化不仅会影响北极周边土著居民的捕捞活动，同时某些区域的商业捕捞价值也会发生重大变化。

随着全球气候变暖，楚科奇海的资源潜力可能超过其他北极陆架区。白令海北部的底栖生物数量在 1990～2000 年呈下降趋势，而蟹类和鱼类的分布范围正在向北移动。首先，巴伦支海的渔业资源现在已经达到过度开发的程度，几乎所有沿海的欧洲国家都在这一地区开展远洋捕捞，目前已经在较长时间尺度上发现明显的优势种更替。楚科奇海的商业捕捞只是美国、加拿大和俄罗斯零星的作业，在联合国粮食及农业组织的统计中甚至没有这一地区的数据。其次，楚科奇海食物链较短的特点同时决定了它更容易受到全球气候变化的影响。随着海冰的逐渐退却，食物网结构将由"冰藻-底栖生物"主导向"浮游植物-浮游动物-鱼类"占优势演变，相应地，鱼类等游泳生物数量会增加。同时，气候变暖也会造成生物的地理分布范围向北移动，使楚科奇海和白令海的联系更加紧密、生物多样性增加。这些都促使楚科奇海的渔业资源随着气候变化向好的方向发展。

2）资源变化的不确定性

由于北冰洋调查数据的缺乏，目前还不能对这种变化，甚至是现状做出准确评估。海冰的存在是制约捕捞活动和科学调查的主要因素。即便是在夏季，很多海域也存在着大量的浮冰，因此商业捕捞的作业方式会受到很大影响。传统的拖网作业方式，无论是作业范围还是作业时间都受到极大的限制，并且浮冰对作业网具有巨大的潜在威胁，极易导致经济损失。科学研究多数也是在无冰期进行的，因此对于鱼类在冰下的分布和生长状况了解较少。即便是冰上的调查和研究，也只能进行小规模的取样，无法获得全面的数据。

以楚科奇海为例，虽然北极环境发生了一些变化，但是从主要经济鱼种个体大小和数量来看，资源量仍然较小。该海域经济价值较高的鱼类是刺黄盖鲽和粗壮拟庸鲽。虽然在圣劳伦斯岛附近采集到鲽类，但是其分布范围仍然相对偏南。另外，大型个体主要是圣劳伦斯岛采集到的鲽类，其接近成体大小。楚科奇海的鲽类体型较小，从年龄组成上低于 3 龄。由于多数国际上的渔业生物学信息处于保密状态，尚无法判断造成这一现象的原因是种群补充率低还是调查方法的局限。美国 2011 年发表的数据也得到类似结论。波弗特海的底拖网中，鱼类只占总渔获量的 6%，而其他无脊椎动物占到 94%。

同时，丰富的底栖动物生物量说明该海域具有一定的资源潜力。该海域的底栖动物以小型埋栖动物（如贝类）为主，所以捕食贝类的大型棘皮动物数量较多。另外，腐食性的底栖动物数量也比较丰富。在很多的研究结果中都能得到佐证。由此，我们推测在目前食物网结构较为单一的情况下，浮游植物水华和冰藻沉积提供的食物来源较为单一，不能满足杂食性的生物摄食需求。这是目前底栖动物群落形成的主要原因。

在美国阿拉斯加大学与美国国家海洋和大气管理局（NOAA）的一份调查报告中，很多海域 2012 年调查记录的鱼类物种数都比之前有所增加。在波弗特海，2012 年之前记录到的海洋、溯河和淡水鱼类一共有 72 种，2012 年记录到的种类增加到 84 种。但是，正如报告中指出的那样，目前不能把种类数的增加完全归因于气候变化。以前的调查强度小，调查范围有限，有新的种类记录也是正常的。

在楚科奇海的对比也说明了类似的结论。根据美国在阿拉斯加的调查，2012 年和 1990 年相比，底栖鱼类的生物量相似，甚至略有降低，说明在过去的 30 年间鱼类群落并没有发生显著的变化。但是，通过数据对比仍然可以发现，显著升高的种类只有太平洋鲱，这同样说明，气候变化有影响，但是并不显著，而且这种影响可能因种类、因海域而异。

同样，食物网结构变化的影响可能还没有出现。同样是在楚科奇海，1959～2008 年只有生物量较低的小型鱼类，总共记录到 17 科 59 种底栖和底上生活的鱼类。而在东白令海陆架，种类数大于 280 种。楚科奇海的渔获中，3 科 8 种鱼类（Cottidae: *Artediellus scaber*，*Gymnocanthus tricuspis*，*Myoxocephalus scorpius*；Gadidae: *Boreogadus saida*，*Eleginus gracilis*；Pleuronectidae: *Hippoglossoides robustus*，*Limanda aspera*，*Pleuronectes quadrituberculatus*）占比超过 90%。总种类中约 60% 是北极-亚北极种类，而在其他海域，如东西伯利亚海只有 30%、东北格陵兰峡湾只有 11%。

在分析未来资源潜力时，很难针对生物地理学分别进行预测性分析，因为鱼类群落种类组成复杂，其相互作用更是无从量化。这里只能针对局地生态系统特征进行资源潜力分析。

3）对未来渔业资源的初步判断

未开发的陆架区正向着资源增加的趋势发展，尽管目前还没有在北冰洋观测到生态系统水平的变化，但是整个陆架区分散的研究结果都表明浮游食物链的比例呈现增加的趋势，也就是说向着有利于渔业资源发展的方向发展。初级生产力水平的升高得益于海冰消退带来的生长期延长、陆缘输入的增加。从浮游动物的角度分析，像楚科奇海这样的区域，在海冰覆盖最低的年份已经具备多年生桡足类生长的条件。该海域鱼类种群的增加可能来自适温物种的增殖，或者是低纬度种类的北移。

北冰洋海盆区很难具备渔场形成条件，与南大洋不同，北冰洋的渔业资源潜力偏低，尤其是中心海盆区。南极绕极流的存在导致富含营养盐的大洋深层水在南大洋锋面区向上涌生，从而支持了极高的初级生产力和以磷虾为代表的渔业资源。目前初级生产力主要受到铁和硅酸盐限制，在外源输入增加的前提下，初级生产力和渔业资源有可能进一步增加。但是对于北冰洋，陆架区受到陆缘和沉积环境的影响，其初级生产力较高。海盆区则是过去认为的"生物沙漠"，除了边缘区域外，很难支持高的资源量。从目前的结果看，海盆生态系统的变化也与陆架区不同，其生物量的增加来自周转率的增加和沿岸水输入。

3. 极地海洋碳汇

假定海水交换导致的碳收支大致是平衡的，那么北冰洋碳的外部来源主要有两部分：①由海-气界面通过溶解和光合作用吸收的 CO_2；②由海-陆界面入海河流输送来的有机碳和无机碳。这两个来源都会受到冰冻圈变化的显著影响，但是只有海-气界面的通量受到海洋环境和生态系统变化的影响，而径流入海通量主要受到大气和陆地过程的控制。

在全球变暖背景下，海-气界面的 CO_2 通量变化主要受海冰过程和生物固碳速率的影响。北冰洋的"生物泵"作用机制与中低纬度海域一样，浮游植物通过光合作用过程吸收营养盐和 CO_2，其生产的有机碳一部分通过食物链在上层大洋循环，一部分沉降到海底（这个过程中碳大部分再矿化为 CO_2，只有一小部分被埋葬到海底的沉积物中）。

但是，北冰洋的"溶解泵"却复杂得多，这主要是由于海冰的存在。传统上认为海冰的存在阻碍了气体交换，然而最近的研究表明，海冰本身的化学和物理过程对海表面的 CO_2 分压有重要的调控作用。在海冰形成过程中，结晶态碳酸盐的存在显著提高了冰间卤水的 CO_2 浓度，所以在海冰消融期能够提升海-气界面的 CO_2 吸收。在北极，初步估算这一"海冰泵"可以吸收的 CO_2 通量为 14～31 Tg C/a。

从对总 CO_2 通量的贡献上看，"生物泵"的作用还是主要的，在北欧海 90 TgC/a 的吸收总量中，有 50 TgC/a 来自"生物泵"的贡献（Skjelvan et al.，2005）。虽然两者在北冰洋的调查数据都比较少，但"生物泵"过程要复杂得多，对气候变化的响应也受到更多因素的影响和制约。因此，下面我们主要讨论生物固碳的潜力。

1）海洋生物过程与碳收支

虽然海洋生物过程对碳收支的贡献受到广泛关注，但这些海洋生物过程受生物和非生物环境的影响，而且时空变异明显，所以迄今为止对其的理解并不十分深刻。值得一提的是，格陵兰东北的萨肯博格生态研究计划（Zackenberg Ecological Research Operations，ZERO）观测研究站从 1995 年开始开展连续、综合的调查和研究，积累了很多宝贵的数据和结果。

生物过程对碳吸收的巨大作用最初是根据表层水中 DIC 浓度的季节变化来揭示的，大西洋一侧的格陵兰海在夏季高生产力季节，其平均值比冬季低了近 100 μmol/kg（Miller et al.，1999）。其后对北极冰间湖的研究表明，这一北极最富生产力的海区具有强大的固碳能力，而且在全球变化环境下，春季冰下生源碳通量呈逐年增强的趋势。Rysgaard 和 Nielsen（2006）在周年尺度上详细描述了东北格陵兰一个深底峡湾生态系统内的碳循环过程，并且量化了生态系统各营养级之间的通量。

根据这一结果，9 月末到次年 7 月中旬是海冰形成期，初级生产过程从春季冰藻在冰水界面生长开始，绝大部分的生物量积聚在海冰下部，尽管在整个冰柱中都能观察到冰藻。水体浮游植物的生长则是随着海冰消融和太阳光入射快速开始的，其一直持续到 8~9 月，直到营养盐降低到限制生长的程度。在周年尺度上，初级消费者（主要是桡足类）的碳需求为 7~11 g C/m^2，与浮游植物的生产量（6~10 g C/m^2）接近。然而，浮游细菌的碳需求却高达 7~12 g C/m^2，说明生态系统内存在碳的再循环或者有外源输入。在浅水区（<40 m）则是另外一种情况，初级生产年固碳量高达 41 g C/m^2，底栖大型藻类和微藻分别贡献了 62%和 22%，而微型浮游植物和冰藻的贡献只有 15%和不到 1%。以多毛类和双壳类主导的底栖动物群落呼吸和矿化了 32 g C/m^2，永久性积累在沉积物中的只有 7 g C/m^2。另一部分则传递到顶级捕食者海象中，它们的捕食相当于双壳类现存量的不到 3%或者当年生产量的一半。

尽管生态系统内的碳循环错综复杂，且存在巨大的地理差异，但在海-气界面初级生产作为无机碳吸收和降低 CO$_2$ 分压的主要途径是肯定的。无论是对加拿大海盆还是格陵兰陆架的观测都证明了这一点。整个北冰洋也是一个重要的碳汇，强度为 0.1~0.2 Pg C/a。

2）海洋"生物泵"与碳储量

海洋上层的初级生产过程是固碳的主要途径，但这部分有机碳的最终归宿是经过复杂的生物过程重新矿化成 CO$_2$ 还是被传递到深层永久埋藏，则取决于"生物泵"的效率。所以，气候变暖条件下北冰洋碳汇强度的变化在很大程度上取决于"生物泵"作用加强还是减弱，正的反馈可以显著增加全球的碳汇强度（Bates and Mathis, 2009），并有效缓冲大气 CO$_2$ 浓度增加和海冰融化导致的海洋酸化。从当前的研究来看，"生物泵"作用在多数海域是加强的，也有少数海域，主要是贫营养的海盆区是减弱的。

在海冰消退导致光照增强成为既定事实的前提下，"生物泵"作用能否得到强化主要取决于营养盐的供给。以加拿大海盆波弗特涡流（Beaufort Gyre）内外的对比研究为例，其内部由于海流较弱，海冰融化后的淡水在表层积聚，限制了深层富营养海水的补充，进而限制了大型浮游植物的生长。小型浮游植物占优势会进一步导致微食物环作用增强、食物链环节增加，表现在"生物泵"效率上，就是碳在上层的循环作用加强，这样较小的有机颗粒物更加不易沉降到深层。在外部，来自大陆架的海流带来的充足的营养盐，使"生物泵"作用得到加强。大型浮游动物生物量增加，以尸体和粪便颗粒形式的沉降也更加容易。

　　由于海洋光合初级生产只在表层水体中进行,因此中层甚至底层水体的颗粒有机物只能直接或者间接地来自表层。除了非生命颗粒的重力沉降,浮游动物的垂直迁移也在其中起着至关重要的作用。虽然这种"生物泵"过程在全球海洋中都是相似的,但是一般认为在北极海盆区"生物泵"效率比较低,因为颗粒有机物沉降速率较低而且浮游动物群落发育较慢。然而,最近的研究发现,楚科奇海台深层颗粒有机物的来源存在显著的地理差异。在间歇性的冰间湖区"生物泵"效率较高,而在其他地区则以底层物质的再悬浮为主。浮游动物在垂直分布上的差异也印证了这种空间异质性,在 $500 \sim 1000$ m 水层,马卡洛夫海盆浮游动物总丰度为 $22.7 \sim 92.6$ ind./m^3,而楚科奇深海平原只有 1.6 ind./m^3。

　　如果上层"生物泵"作用增强,垂直的有机碳通量增加导致深层微生物和动物生物量增加,也会相应地增加深层的碳储量。深层生物以异养生活为主,食物来源主要是未被摄食的冰藻、其他上层动物的尸体和粪便等。目前虽然没有深层生物量增加的报道,但一项研究发现,2004 年北极海盆中央的硅酸盐浓度最高的水层相比 1994 年呈加深的趋势。这说明海冰消退的确使深层"生物泵"作用增强,因为硅酸盐是硅藻壳矿化的产物,而其他的研究表明硅藻壳是上层有机物沉降的主要形式。

　　与上层"生物泵"作用强度主要与营养盐和影响营养盐补充的环流有关不同,深层"生物泵"则主要受上层有机物沉降通量控制,在现阶段主要与冰藻生物量和其他动物对冰藻的摄食强度有关。Honjo 等(2010)曾经在楚科奇海台附近海域观测到生物硅垂直通量的巨大差异[$1.2 \sim 452$ μm Si/(m^2·d)]。在他们的结果中,颗粒有机物主要是硅藻骨架,而且在冰间湖期间有机物和桡足类壳蜕的输出都是最高的。因此,Honjo 等将有机物通量归因于浮游动物水华期间摄食强化的结果。然而,由于北极特殊的环境特征,这一过程通常比较短暂。在其他的研究中也发现,北冰洋浮游植物和浮游动物繁盛经常是同步的,并且存在相互抵消的作用。也就是说,冰藻生产力越高并且摄食冰藻的浮游动物生物量越低,越有利于深层"生物泵"作用的加强。

6.5.3　全球变化与冰冻圈生态安全

　　冰冻圈是对气候变化响应最直接和最敏感的圈层,它对全球气候变化的响应最快速、最显著、最具指示性。受气候变化的影响,冰冻圈变化的气候效应、环境效应、资源效应和生态效应正日趋显著,冰冻圈未来的变化将对生态安全产生重要影响。目前,诸多研究一致指出,中亚、南亚和青藏高原未来 50 年冰川融化可能影响这些区域的径流变化、洪水灾害和淡水资源的供给,这可能是对人类进步和粮食安全最严重的威胁之一,涉及 20 多亿人口。而如果今后 100 年内夏季(4~9 月)平均气温上升 3℃,阿尔卑斯山脉约 80%的冰川将融化。这对人口密集的阿尔卑斯山脉地区来说,冰川快速融化对水文和旅游的影响巨大。这些研究结果表明，冰冻圈变化对人类生存环境和经济社会发展产生较大威胁。

中国是世界中低纬度地区冰冻圈最为发育的国家，冰川面积达 59425 km^2，占全球中、低纬度冰川面积的 50%以上；多年冻土区面积约 220 万 km^2；稳定季节积雪区面积约 420 万 km^2。近百年来，我国冰冻圈显著萎缩，已对区域气候、水资源、生态与环境产生了重大影响，冰冻圈的未来变化势必对西部生态与环境安全及水资源可持续利用产生广泛而深刻的影响。首先，冰冻圈变化对亚洲和我国的水安全有突出影响。中国冰冻圈是亚洲长江、黄河、塔里木河、怒江、澜沧江、伊犁河、额尔齐斯河、雅鲁藏布江、印度河、恒河 10 条大江大河的源区，冰川、冻土和积雪对这些江河水资源的形成与变化有着十分重要的影响。短期内，冰川的加速萎缩可导致河川径流增加。随着冰川的大幅度萎缩，冰川径流趋于减少，势必引发河川径流的持续减少，不仅减少水资源量，更使冰川失去对河川径流的调节作用，导致水资源-生态与环境恶化的连锁反应，进而影响人类发展。其次，冰冻圈还维系着我国西部高寒和干旱区生态系统的稳定。冰川变化影响寒区和干旱区河川径流、湖泊湿地等水域的变化，通过水循环的改变来影响生态系统的变化。由于冻土分布面积广阔，冻融过程中的水量、能量循环对水文、生态和气候的影响十分显著。此外，作为气候系统的重要组成部分，冰冻圈变化对我国及周边地区的气候有重要影响。随着全球变暖，冰川的加速融化和冻土的退化已引起了与之相关的冰湖溃决洪水、泥石流、冰崩、雪崩以及冻土热融等各类冰冻圈灾害发生频率、强度、范围的增加。同时，随着气候变暖，冻土的热融灾害问题将会越来越突出，直接威胁着我国多年冻土区工程的建设、安全运营与维护。

1. 冰川融化与海平面上升

南极和格陵兰冰盖及陆地冰盖逐渐减小，改变了海水质量，从而影响全球海面变化。包括格陵兰和南极冰盖的全球冰川和冰盖的融化可能是对全球海面变化贡献最大的因子。高山和格陵兰冰盖的融化速率对海面变化的贡献率在 21 世纪大约为 20 cm。

2. 海冰消退与海洋冰冻圈生态安全

海冰的存在阻碍了人类接近海洋冰冻圈的进程，包括捕捞、航行、矿产资源开发等。然而，随着全球变暖和海冰消退，这种阻碍将逐渐减轻或彻底消失，这就决定了海洋冰冻圈生态安全的主要特征。那就是，狭义的生态安全（自然和半自然生态系统的完整性和健康水平）将受到严重的威胁；广义的生态安全（经济和社会的生态安全）如果仅仅考虑人类福祉的话，在某些方面甚至是有利的。这一点与陆地生态系统，甚至是陆地冰冻圈生态系统所面临的生态安全形势都有所不同。

对于一个受人类活动影响极小的生态系统，我们很难去评价其健康水平，但是海冰作为一种生境的退缩或消失，对生态系统完整性的影响程度是不言而喻的。以前面介绍的生活史对海冰的依赖程度为判定依据，完全在海冰中完成生物生活史的生物种类，也就是海冰生态系统的特有种将遭受灭顶之灾。部分生活史依赖海冰的种类，如北极熊恐怕也无法幸免。它们正在面临冬眠醒来无法登上冰面的尴尬局面。即便登上海冰，也不得不更多地在小块浮冰间游泳前行，这样极大地增加了能量消耗。

与陆地冰川融化不同，海冰消退不会伴生洪水、海平面升高等直接的生态灾害，相反，还会增加海洋的总太阳辐射，与陆地径流增加一起提升海洋的总初级生产力水平。海洋生产力的增加，如果加上底栖食物链向浮游食物链主导的转化，会增加渔业资源产量。海冰的消退同时也使得渔业拖网和钻井平台建设等经济活动得以顺利开展。北极航道的开通更是会极大地缩短欧亚、美亚之间的远洋航运里程。

这种独特的生态安全形势也催生了独特的生态安全策略。以渔业资源为例，南大洋和北冰洋都采取了极为严苛的管理措施。南极海洋生物资源养护委员会实行严格的捕捞配额管理，对捕捞网具、副渔获物等也有严格的规定，同时在生物资源养护公约区内还进一步推行海洋保护区。受海冰限制，渔船目前还不能进入北冰洋中心区，但是包括中国在内的9个国家和欧盟已经在2017年达成一项协议，同意至少在接下来的16年里禁止商业渔民进入北冰洋中心区域进行捕捞作业。这种保守的渔业管理措施，尽管其中可能包含地缘政治博弈的因素，但更是对极地生态安全脆弱性的一种未雨绸缪。

思 考 题

1. 气候变化下，冰冻圈生态系统有哪些响应？这些响应对冰冻圈生态系统安全的影响包括哪些方面？
2. 人类活动对冰冻圈生态系统的影响包括哪些方面，程度如何？

第7章
冰冻圈生态学监测与实验方法

7.1 陆地冰冻圈样地监测与调查

7.1.1 高山灌丛的调查与定位监测

高山灌丛线主要是指高山地区灌丛分布的上限,定义其分布于灌丛盖度低于 30% 的区域。为了调查灌丛与林线物种的关系,在灌丛线–林线区域设置样方,开展植物群落调查,具体如下。

1. 灌木层

群落样方调查:从灌丛线沿着海拔梯度逐渐降低的方向,沿着山坡往下建立 100m×100m 的样地,在样地内机械均匀地设置 6 个 5m×5m 的灌丛样方,即在样方内沿着距离灌丛线 12.5m、27.5m、42.5m、57.5m、72.5m 和 87.5m 处设置 6 个样带,每个样带内随机设置 1 个面积为 5m×5m 的灌丛样方。对全部灌木的每丛进行调查,记录其种名、高度、冠幅;同一种选取 3～6 个植株,记录其繁殖物候(花前营养期、花蕾期、开花期、果期、果后营养期和枯死期)。

茎生长量的测量:在生长季节末期,测量优势灌丛植物的茎生长量。首先,确定并测量新长出枝条的长度;其次,直接在新枝之下开始测量旧枝条的长度,到触及地面或苔藓层为止,用布条标注已经测量过的枝条,以避免重复测量;再次,确定并测量另一个新生枝条的长度,再测定未测量过的旧枝条的长度;最后,当完成所有枝条的测试时,就完成此株灌丛的测量工作(新旧灌丛枝条示意图如图 7.1 所示)。

地上生物量的测量:通过长期定位观测,采用标准株法获取。在样方外临近样方的位置,对优势种按照不同等级的基茎选取 3～5 株标准株(丛)测量其基围、高度和冠幅,并在收割后将全株分为根、茎、叶(若能区分还应划分当年小枝)收获生物量,收割时需全根挖出,尽量收集完整;若根系过深(超过 2m),则采 2m 深并估算剩余根系生物量后进行校正。根系挖出后,清除所有非根系物质(在有水的地方冲洗干净后晾干),对

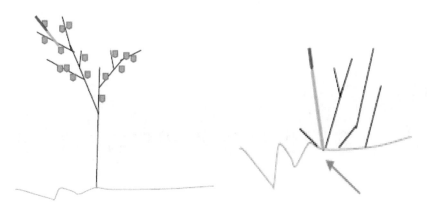

图 7.1　不同类型灌丛茎生长量测试示意图

红色，当年新长枝；蓝色，旧枝

各部分称重并取样（样品多于 100g 取样 100g），然后将样品装入布袋（15cm×20cm）中保存，带回实验室烘干称重，以构建测量因子与生物量之间的关系，并利用群落调查的测量因子推算灌丛的地上生物量，并记录各标准株的根深和根长。每种植物的标准株数量应不少于 30 株。

灌丛厚度指数（thickness index, TI）：样方内灌丛盖度与平均高度的积（Liang et al., 2016），常采用这一指标来衡量高山灌丛带的生长和迁移动态特征。

2. 草本层

群落样方调查：在每个 5m×5m 的小样方内，在四角设置 1m×1m 的小样方进行调查，记录所有草本维管束植物的种名、平均高、盖度和多度等级，并记录其季相（如花前营养期、花蕾期、开花期、果期、果后营养期、枯死期）。对于不能当场鉴定的植物需要当场采集标本。

地上生物量的测量：在每个样方中，对其中 1m×1m 的小样方进行收获（并记录收获的小样方编号），并对优势种进行分种称重，采取总量约 100g 的样品（总量样品多于 100g 取 100g，总量不足 100g 在样方外采取补足 100g），然后将样品带回实验室烘干测干重（复查样地生物量应在样方外临近样方的位置进行）。对各个物种干重与盖度、高度进行回归方程的拟合，建立地上生物量的方程，从而获取样方内植物的地上生物量。

7.1.2　雪线植物群落调查

1. 样方设计和调查概要

参照全球高山环境观测研究创新（global observation research initiative in alpine environments, GLORA）的山顶植物群落调查方法。在选择建立样方的山顶的 4 个方向建立 4 个样地，包括：①总共 16 个 1m×1m 的永久固定调查样方。在 4 个方向的每个样地分别建立一个 3m×3m 的样方，每个样方设置成 9 个 1m×1m 的亚样方。选取其中四个角（东、西、南和北方向）的 1m×1m 的亚样方作为永久固定的植物群落调查样方，共计 16 个。②山顶面积的确立。作为调查取样的山顶面积的 4 个区域，其距离山顶峰的直线距离为 5m，距离山峰底端的直线距离为 10m。当然，山峰调查面积的大小并不完全绝对，其取决于山峰坡度的结构和陡度。③1m×1m 的亚样方植被调查。每个山峰的 16 个 1m×1m 的亚样方中，分别记录表型盖度（包括维管束植物的总盖度、固体岩石的盖度和小石子盖度等）和每种维管束植物的盖度。这些记录数据是为了提供基础背景数据来探明物种组成和植被盖度的变化情况。

2. 栖息地特征记录

在每个亚样方中，每种表层类型的盖度通过视觉来估算。顶层盖度是指每种表层类型的垂直投影，总计达 100%。物种盖度考虑到层间交错重叠，通常盖度总和大于 100%。

维管束植物：所有维管束植物盖度的总和。

固体岩石与碎屑：主要指裸露的岩石，即嵌入地下且轻轻不易挪动的岩石（如用脚不易踢动）；大的不易移动的卵石也被认为是裸露的岩石，而不是岩石碎屑（在分不清到底是裸露的岩石或者小砾石时，就把它认定为岩石）。

岩石碎屑或砾石：碎片材质。其主要包括稳定的和不稳定的小石头，以及形状大小各异、位于地表或者嵌入土壤中的单个石头；粒径大于砂石粒径。

地表地衣：生长于土壤表面，且未被维管束植物覆盖的地衣。

地表苔藓：生长于土壤表面，且未被维管束植物覆盖的苔藓。

裸地：开阔的土壤（有机质或者矿质土壤）表面，如未被植物覆盖的土质或者砂土表面。

凋落物：死去的植物材料。

3. 物种组成调查

每种维管束植物物种的盖度值通过视觉来估计。苔藓和地衣的物种记录可依据具体情况决定是否需要调查并记录。盖度值要尽量精确，尤其是对于物种多度较低的物种。注意，所有维管束植物盖度的总和可能超过表层估算的维管束植物盖度总和，这是物种层间重叠交互造成的。

1m×1m 亚样方的物种调查：物种频度计数（维管束植物必须统计，隐花植物可选）。使用 1m×1m 的样方框，框子被分成 100 个 10 cm×10 cm 的小样方框。逐个调查每个小样方框中出现的物种，记录其数量、盖度和高度。

4. 连续的环境温度监测

选择最能代表样地的有对比性的气候点，设置 2 个 3 m×3 m 的样方群来布设环境监测传感器。一般而言，传感器埋设于样方下 10 cm 深度处。

7.1.3　冰川退缩迹地群落调查

冰川退缩迹地植被演替是冰冻圈生态学重要的研究领域。从演替全过程而言，其涉及草地、灌丛和森林植被（视退缩迹地所处的环境判断顶级群落植被类型）。这里仅介绍冰川退缩迹地前端的草地生态类型，不考虑灌丛和森林样方。灌丛和森林样方可参见普通生态学中的灌丛和森林样方调查手册。

1. 样方设计和方法

（1）空间代替时间的方法，即距冰川前端的距离用来代表自冰川退缩后的时间长短，用来在冰川退缩迹地上开展植被调查和环境变量观测。

（2）以平行于冰川末端为一边界（长度尽量囊括整个末端, a）、垂直于冰川末端为另外一边界（长度以近年来冰川的年退缩速率来设定，也可以采用不代表单个年份的退缩速率, b）来建立一个样方。此类样方逐步往远离冰川末端的方向外推，在整个冰川末端样地建立多个此类样方，样方之间的距离为 3～6m。

2. 植被调查

在生长季节高峰期，植被调查在每个面积为 $a×b$ 的样点中随机开展。草本样方使用 1m×1m，并分为 10cm×10cm 小方格的样方框进行调查。每个面积 $a×b$ 的样点的调查样方数不能少于 10 个。分别调查维管束植物的物种盖度、频度和苔藓地衣的盖度，记录群落的高度和总盖度。

3. 环境变量调查

1）土壤取样和分析

（1）在每个 $a×b$ 的样点中随机选择亚样方取土样（直径 5cm、深度 5cm, 10 个）。为了保证不同季节的土壤样品特征，可以分生长季节初期（6 月）、旺盛期（7 月中下旬）和末期（8 月）采样 3 次。土壤样品称鲜重，并称量 60℃烘干后的干重，计算土壤含水量。

（2）生长旺盛期采集的土样也可以用来测量土壤 pH、有机质含量和进行养分分析。

2）积雪厚度监测

积雪厚度监测采用校准钢探针，沿着垂直于冰川末端的距离依次每 5m 布设一个点来测量积雪厚度。

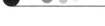

3）样地年龄

每个样方对样地年龄进行估算，通过确定冰川终碛体的位置、航空图片以及第四纪的光释光测年方法测量岩石暴露的年代来定年。

7.1.4　冻土与植物物候关系的同步观测

为了研究气候变化，物候学在观测中特别强调对植物发育影响较大的古今物候对比，其中许多观测与冰冻圈有关。例如，冻土开始融化期（5 月初至 7 月上旬）、融化期（7月中旬至 10 月中旬）、开始冻结期（10 月中旬至 12 月底），以及积雪融化天数、积雪存续的厚度。

在冻土冻融过程（冻土开始融化期、融化期和开始冻结期）中，观测植物叶片的返青期、枯黄期和繁殖物候特征。

1）营养生长的物候观测

在调查的前一年，在各个样方内对每个物种用标签进行标记，每个物种标记 10 株个体，标记时用不同颜色和形状的标签，以区分不同物种。次年生长季开始时，每 3～5天观测一次，每次观测记录前一年各个物种所标记的个体拔芽、展叶和枯黄的时间。各个时期物候开始时间界定为每个样方内每个物种 80%以上被观测到进入该物候期日期的平均值。各个处理有 3 个重复，然后将各物候期转化为儒略日（Julian day），即每年的 1月 1 日为该年的第一天，生长季持续时间为各物种植株个体枯黄时间与返青时间的差值。

2）繁殖物候的观测

在冻土冻融过程阶段，跟踪调查样方内所有物种繁殖物候序列。将物候分为花芽期（budding）、开花期（flowering）、凋谢期（withering）和果实成熟期（fruit maturity）四个阶段，每个阶段又分为开始（first）、峰值（peak）和结束（last）三个状态。花芽期，指从花芽形成可见到完全开放前的阶段；开花期，指花完全开放的持续阶段；凋谢期，指从花冠枯萎到果实完全成熟之前的阶段；果实成熟期，指果实开始凋落到完全干枯或掉落的阶段。在野外观测期间，分别观测记录各个物种处于各物候阶段繁殖单位的数量，并以该年的 1 月 1 日为第一天，将记录日期转化为儒略日。其中，每个物候阶段的开始时期为首次记录到该阶段的日期，峰值为该物候阶段记录数量达到最大值的日期，结束时期为该物候阶段最后一次记录的日期，同时各个物候阶段从开始到结束的持续天数记作该阶段的持续时间。相邻两阶段峰值之间相差的天数定义为阶段间过渡时间。观测频率根据实际野外条件而定，一般每隔 3～4 天观测记录一次为宜（图 7.2）。

(a) 生长初期　　　　　　　　　　(b) 旺盛期　　　　　　　　　　(c) 末期

图 7.2　同一样方植物繁殖物候观测记录

7.2　模拟观测试验

7.2.1　植被–冻土相互作用关系的观测模拟

1. 多年冻土区不同活动层厚度植物群落组成结构动态观测

以距离热融湖塘远近表层土壤水分含量和活动层厚度差异，模拟冻土活动层厚度变化与植被的关系。

热融湖塘也称为热喀斯特湖塘，是指地表积水或地下冰层融化以后的融水浸入或汇聚于洼地形成的湖塘。研究发现，湖岸多年冻土的上限深度、地温随距湖岸距离的减小而增大，然而表层土壤湿度随距湖岸距离的减小而减小。因此，沿着距离热融湖塘由近及远的垂直方向形成不同厚度的活动层，在水平方向上活动层土壤的水热显示差异，分布着相同类型的植被，形成了冻土变化-植被相互关系研究的天然试验场。

样方布设：以热融湖塘为核心，选择热融湖塘周围植被均匀一致的样地为研究对象，分别以距离热融湖塘岸边 5m、10m、15m 和 20m 为研究样点，沿着湖岸边每个样点布设 6 个 1 m×1 m 的样方，共计 24 个样方。

群落组成结构调查：每个样方划分成 10 cm×10 cm 的小方格，调查整个样方中物种数、盖度、多度和高度等指标。

活动层土壤温湿度监测：每个 1 m×1 m 样方的中央分别布设地表（0）、0~10cm、10~20cm 深的温湿度探头传感器。

2. 空间代替时间方法调查冻土厚度与植被的关系

以空间上冻土发育程度不同、活动层厚度有差异的样地，来模拟时间上冻土厚度不同的样地，并建立固定样方。观测植物群落组成和结构，并监测样地冻土活动层水热特征。

以青藏高原多年冻土区为例。昆仑山脚的西大滩到唐古拉山的安多这一区域是青藏高原发育最典型的连续多年冻土区。且这一区域沿着青藏线，活动层厚度依次为：乌丽＞66 号道班＞昆仑山口＞五道梁＞北麓河＞风火山。

因此，在每个样点设置 20m×20m 的样地，每个样地随机建立 10 个 1m×1m 的样方。

1）植物群落组成、结构调查

将每个 1m×1m 的样方再分成 100 个 10cm×10 cm 的样格，目测并统计物种数量、盖度、频度和高度等数据。

2）活动层厚度监测

在活动层厚度较浅的地方，将融深探头插入地下直到冻土层，如遇到草毡层比较紧密的样地，需要先去除草毡层再插入融深探头；活动层厚度较深时可以先挖一个剖面再插入融深探头；当融深探头不能测到融化深度时，使用铲子直接下挖到冻土层来测量活动层厚度。

3. 不同植被覆盖度与活动层厚度模拟观测

植被覆盖度的高低影响冻土埋深。因此，选择不同植被覆盖度下的样地，定位监测活动层水热特征以及蒸散发，同时观测植被群落组成结构、生产力，共同探讨植被与活动层厚度的关系，为构建样地尺度的植被-冻土数据库提供基础数据支撑。

（1）样地选择：选择低植被覆盖度（15%）、中度覆盖度（60%）和高度覆盖度（90%）样地，每个样地面积为 10 m×10 m。在每个样地内随机选择并建立 6 个 1 m×1m 的样方，并将其作为植被观测的永久样方。

（2）活动层水热特征及其蒸散发观测：分别在土壤深度 0～10cm、10～20cm、20～40cm、40～80cm、80～120cm、120～180cm、⋯直至冻土层上边界，安装温湿度探头，同时安放蒸渗仪。

（3）群落组成、结构调查：将每个 1m×1m 的样方细分为 100 个 10cm×10 cm 的小方格，调查丰富度、多度、盖度和高度等指标。

（4）生产力方程建立：分别在生长季节的初期、旺盛期和末期，于样方外单独调查每个物种的高度、盖度，并采集地上部分，烘干称重，每个物种至少有 20 个样本。用高度、盖度和地上生物量建立回归方程，以获取样方内物种地上生物量，进而获知群落地上生物量，从而推算植被地上净初级生产力。

7.2.2　植被-积雪观测模拟

1. 雪栅栏模拟积雪厚度增加

雪栅栏分为三类：引导式栅栏（leading fences）、鼓风式栅栏（blower fences）和聚集式栅栏（collection fences）。聚集式栅栏是生态学中研究风吹雪最常用的类型，主要通过改变风速，在雪栅栏的下风方向产生涡旋，诱导形成积雪深度梯度（图7.3和图7.4），从而增加积雪厚度并延长积雪覆盖持续时间。雪栅栏的安装需结合实验需求，考虑积雪区域和主风方向来确定栅栏的高度、方位和排数。用于生态学观测雪栅栏的安装方向应与主风方向垂直。

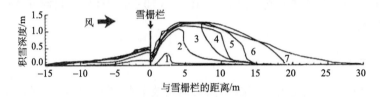

图7.3　雪栅栏诱导形成积雪梯度原理示意图

图7.4　雪栅栏在高寒草甸和高山灌草交错带的应用

2. 人工堆雪模拟

风力的作用使得雪在一些地区很难长时间堆积，除了暴雪极端事件。因此，为了模拟积雪对植被的影响过程，采用野外原位人工堆雪的方式，模拟积雪厚度增加。在模拟积雪实验以前，需调查研究区域有记录以来的最大积雪当量，从而换算成所累积雪柱的体积。根据野外处理样方的实际情况，可以制作圆柱形或者方形的雪柱框，以用来固定堆雪。以青藏高原纳木错研究站的堆雪实验为例，其堆雪装置是用细铁丝网围栏做成的直径1m、高0.5m的圆柱体，其累积雪量相当于60%的水分含量，以及1.3m的降雪。

3. 利用阴阳坡雪堆模拟积雪厚度变化

山区的积雪厚度和大小与山坡所处的位置关系密切。阴阳坡的积雪厚度差异为研究积雪厚度增加对植物影响的研究提供了天然的实验场所。选择同一植被类型的同一山系，以其阴阳坡为研究样地，将阳坡积雪厚度小作为对照，将阳坡积雪深且难以融化作为积雪处理。

7.2.3 植被−气候变暖观测模拟

（1）开顶式增温小室（open top chambers, OTCs）：该方法最初是由国际山地综合开发中心为研究气候变暖对亚北极、北极冻原生态系统的影响而使用的加热方法，主要针对的是高纬度高海拔地区，包括北极和南极地区、亚高山草地、青藏高原和温带草原（Hollister and Webber, 2000; Klein et al., 2005; Norby et al., 1997; Oechel et al., 1998）。OTCs 增温装置的最大优点就是成本低、操作简单、易重复、适用野外观测，并能保证试验样地土壤基本不受破坏和干扰。由于不需要电源，这种增温方法在较偏远的地区中经常被使用。但是，这种被动式的增温方法也有很多缺点，该装置不能准确控制温度升高的幅度和特征；温度升高可能超过预期的全球变暖幅度，甚至可能出现极端温度；同时，受空间限制，这种方法不能在群落或生态系统水平上开展相关的研究。此外，在北极、南极及高山地区，由于恶劣的气候条件，OTCs 增温装置在冬季增温的可行性很低，一般在夏季使用较多。另外，OTCs 增温装置还可通过改变风速和阻挡动物活动而影响植物花粉/种子的传播和有性生殖；白天气温增加而夜间气温降低，导致更大的昼夜温差；夏季增温比冬季效果更为显著。

（2）红外线反射器（infrared reflectors）：通过降低红外线辐射所造成的能量损失，达到夜间增温的效果。这种方法不仅增加年平均气温和土壤温度，且边际效应相对较小，其还具有许多优势，如降雨、光、风速、受粉等因素与自然条件下的一致，不会对土壤造成干扰和破坏。但这种方法也有许多缺点，如需要用电，限制了可应用的区域；只能增加夜里温度和日最低气温，而对白天气温没有影响，不能准确地预估温度升高对植物碳收支平衡的影响；夜间露水的输入以及其他一些非生物因素（如在有风的夜晚降低风速）的改变会对实验结果带来影响。

（3）红外线辐射器（infrared radiators）：悬挂在样地上方的灯管散发红外辐射，从而增加恒定量的向下的红外辐射能量，并通过三种方式分配，即显热（使气温升高）、潜热（改变土壤水分蒸散总量）和土壤传导热通量（使土壤温度升高），它们对土壤及植被无物理干扰和破坏，且不改变小气候状况。其缺点是必须在有电力供应的区域使用，且耗电多，实验成本较高。

（4）梯度移位方法：利用不同纬度或海拔所形成的自然温度梯度来研究全球变暖对陆地生态系统的影响。以空间代替时间方法来模拟生态系统对环境变化的长期反应结果；允许生态系统中生物因子之间的相互交流，能更准确地模拟自然状态下植物之间的关系；通过沿环境因子（如温度、水分等）梯度变化设置的控制实验，可以实现从点到面上的尺度转换。

7.3　实验室培养与分析

1. 冻土微生物

（1）取样方法：无液体钻孔提取以及取样前对多年冻土岩心进行无菌处理。但是，尽管该方法能有效控制外部微生物细胞的污染，但它仍无法阻止来自外界的脱氧核糖核酸（DNA）和核糖核酸（RNA）分子的污染，且容易对多年冻土岩心造成机械性损伤（如岩心表面产生大量细微的裂缝），从而加大了样品清洁的难度，增加了污染的可能性。为了改进该方法，可以在所有钻取设备和液体中加入标准的已知示踪微生物、能够表达绿色荧光蛋白的细菌菌株、目标 DNA 序列、核酸荧光燃料以及荧光微粒等。

（2）早期的平板培养计数：其是一项早期的常用技术。其缺点是不能完全估算多年冻土中微生物的群落组成和多样性，但是能获得纯培养菌株，可以为进一步研究多年冻土微生物冷适应机制以及种质资源的开发利用提供前期基础，该方法常与其他技术联合使用。

（3）近代的生物化学和分子生物学技术：第二代高通量测序、芯片和组学的技术结合野外调查观测，是未来多年冻土微生物研究中的主要方法。高通量测序法得到的微生物种类丰富度比传统的 Sanger 测序法高得多，且观测到远远高于之前假设的微生物多样性。基因组学中的宏基因组学、宏转录组学和宏蛋白组学等方法在理论上可以获得多年冻土样品中所有的系统发育基因、蛋白编码基因、转录出的 RNA 和蛋白质，进而显示了多年冻土中微生物群落的结构以及存在哪些生物化学过程并且哪些过程的相关蛋白被表达。

2. 冰川微生物

目前应用于冰川微生物研究的主要是分子生物学的方法，具体包括如下四种常用的方法。

（1）16SrDNA 文库构建：其主要原理是对细菌 16SrDNA 的保守区设计引物，对样品总 DNA 进行 16SrDNA 扩增。将扩增产物克隆到载体，通过构建克隆文库分离不同的序列，通过测序比对分析每一个克隆中带有的 16SrDNA 分子属于哪一种微生物，整个文库测序比对得到的结果就可以反映环境中微生物的组成。该方法的缺点是对分析的克隆数目要求较高，只有在克隆数目足够多的情况下才可以较为完整地认识种群的组成，因此工作量较大。此外，核酸提取、PCR 扩增及克隆过程产生的偏差可能导致样品的基因克隆库不太准确，因此有时也不能完全正确反映冰川中微生物群落的真实面貌。

（2）变性梯度凝胶电泳（DGGE）：其原理是用一对特异性引物扩增微生物自然群体的 16SrDNA 基因，产生长度相同序列不同的 DNA 片段的混合物，然后利用含变性剂梯度的聚丙烯酰胺凝胶电泳分离混合产物。该方法多用来比较分析不同时间或不同地点的样品中微生物的多样性，也可以用于研究环境变化与微生物群落动态的关系。

（3）限制性片段长度多态性（RFLP）：主要原理是利用限制性内切酶特性及电泳技术，对特定的 DNA 片段的限制性内切酶产物进行分析，根据片段的大小及标记片段种类和数量的不同，评价微生物的群落结构和多样性。该方法多与 16SrDNA 文库结合使用，可减少测序数量，对感兴趣的克隆进行深入分析。

（4）荧光原位杂交：其是在 RFLP 基础上发展起来的一种方法，原理是依据 16SrDNA 序列保守区设计通用引物，其中一个引物的 5′端用荧光物质标记。以样品总 DNA 为模板进行 PCR 扩增，扩增产物的一端带有荧光标记，再用合适的限制性内切酶消化 PCR 产物，产生不同长度的限制性片段。消化产物用 DNA 自动测序仪分离，通过激光扫描，得到带荧光标记端的图谱，而其他没带荧光标记的片段则检测不到。由于每种菌末端带荧光标记的片段长度是唯一的，因此峰值图中每一个峰至少代表一种菌。对末端限制性片段的长度与现有数据库进行对比，有可能直接鉴定群落图谱中的单个菌种。每个峰的面积占总面积的百分比则代表这种菌的相对数量。

7.4　冰冻圈生态系统碳氮循环研究方法

以陆地生态系统碳交换观测研究方法为依据，冰冻圈陆地生态系统碳的气态交换观测方法和手段与研究尺度密切相关（表 7.1，图 7.5）。局地尺度上更多采用气室法进行原位观测。气室法是指在土壤表面安装用金属或树脂制作的气室，根据气室内外土壤和大气间温室气体的速率差异，算出温室气体通量的方法。这种测定方法的优点是能观测到小范围的温室气体通量的特性及其细微的变化。但由于空间异质性，该方法进行尺度扩展时存在较大误差。气室法又可进一步分为静态气室法（静态碱液吸收法、静态密闭气室法）和动态气室法。静态碱液吸收法是静态气室法中常用的也是应用最早的一种化学方法。然而，静态碱液吸收法测定精度较低，尤其是土壤呼吸速率较低或较高时，误差

表 7.1　不同尺度上生态系统碳的气态交换观测方法

观测尺度	方法	优点	缺点	应用现状
局地尺度 （数平方米以内）	气室法——静态碱液吸收法	成本低、操作简单	测量精度低	很少
	气室法——静态密闭气室法	精度较高、操作简单	容易造成人为误差、连续性差	较多
	气室法——动态气室法	精度较高、便携，能够实时动态监测	价格较高、缺乏高强度连续观测	较多
生态系统尺度 （数平方千米）	微气象观测法(涡度相关法)	不受生态系统类型的限制，适于较大尺度、中长期的定位观测，连续时间序列	要求下垫面气流保持一定的稳定性，受地表附近的地形和植被构造的影响显著	较多
区域或全球尺度	飞行器观测（搭载近红外光谱探测器）	大尺度、覆盖范围广	容易造成天气因素、飞行器和地表反射率产生的各种误差	未来趋势

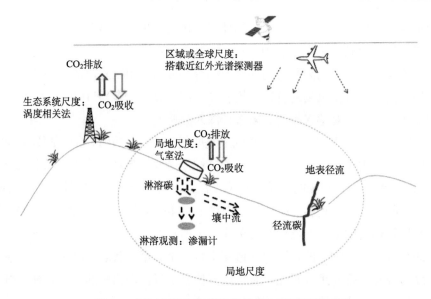

图 7.5　不同尺度生态系统碳循环主要过程及观测

显著，目前该方法应用很少。静态密闭气室法用真空采样瓶等每隔一定时间采取气室内的空气样品，用实验室红外线 CO_2 或气相色谱仪来分析其中的 CO_2 浓度，进而估算土壤呼吸速率。动态气室法将气室和红外线 CO_2 分析仪连成闭合型流路，来检测实时的 CO_2 浓度或碳通量。该方法操作较简单，携带方便，且测量精度较高，是目前原位测定中最为常用的方法，被广泛应用于各种生态系统中。

　　生态系统尺度上气态碳的交换观测主要采用微气象观测法。微气象学的代表方法是涡度相关法，它根据微气象学原理在植被层上方直接测量温室气体的涡流传递速度，从而计算出植物群落的 CO_2 收支动态。该方法不受生态系统类型的限制，适用于较大尺度、中长期的定位观测。但是，该方法要求下垫面气流保持一定的稳定性，受地表附近的地形和植被构造的影响显著（表 7.1）。

　　在区域或全球尺度上，主要采用飞机或卫星等飞行器搭载近红外光谱探测器的测量技术对生态系统碳交换进行监测。近红外光谱探测器可以监测较大区域大气 CO_2 浓度、动态等，进而估测区域尺度上生态系统的碳交换通量。该方法是当前探测大尺度碳通量的有效方法，发展迅速，代表了未来大尺度上碳循环观测和研究的重要方向。然而，目前被动光谱探测仍受到较多限制，包括太阳天顶角度、大气气溶胶散射及云层干扰等问题，因此决定了被动探测只适用于在中低纬度、白天且无云状态下进行测量。

　　对于生态系统土壤碳的淋溶和流失过程的监测，目前主要采用负压或零负压的测渗计进行土壤或河流水样的收集，并结合室内分析实验测定淋溶和径流碳的流失通量。淋溶或径流碳损失途径和通量与生态系统类型密切相关。青藏高原降水较少，其土壤碳淋溶过程可能较弱，而河流碳损失较高。但在冻土发育地区，土壤碳的淋溶或以壤中流进入地下和地表径流的损失通量均较高，这是青藏高原碳循环中不可忽略的重要过程。植被和土壤固态碳的稳定和累积过程主要与微生物的分解和碳的保护作用有关。微生物的分解作用及其过程中相关的碳交换通量与土壤呼吸和碳淋溶过程的观测方法一致，而土壤碳的保护作用的过程涉及微观尺度，目前的观测手段仍难以观测到该过程的动态。当前仍主要通过测定不同时期的碳库储量来间接反映其变化过程或动态。

7.5　生态统计学方法

1. 相关和回归分析

1）相关分析（correlation analysis）

相关分析是计算两个变量之间的相关系数，以检验二者关系的亲密程度；同时，相关系数也可以用来检验回归分析的结果。

（1）Pearson 相关系数：Pearson 相关系数是普通的相关系数，其显著性检验可以用 t-检验，也可以查相关系数检验表进行检验。

（2）Spearman 秩相关系数：Spearman 秩相关系数是用观测值的秩来计算相关系数，其同样可以用 t-检验来检验显著性。

（3）二元数据的双系列相关系数（biserial correlation coefficient）：二元数据的双系列相关系数是一种生态相关系数。在生态学调查中往往取多个样方，在每个样方中记录植物种存在与否和环境因子的值，要计算二元数据与环境因子的相关系数不能用前面的两种相关分析。该系数同样可以用 t-检验来检验其显著性。

2）回归分析

回归分析是分析植被环境关系最常用的方法之一，它适用于种类和环境因子较少的数据分析，如一个种的多度与某个环境因子或某些环境因子之间的关系，可以分别使用一元线性回归或者多元线性回归分析，也可以使用非线性回归分析。

（1）一元线性回归：只涉及一个环境因子。该回归方程可以预测任何环境因子值所对应的植物种多度，其回归的显著性检验可以用 F-检验和 t-检验。

（2）多元线性回归：涉及两个或两个以上环境因子。其回归可用 F-检验来检验回归系数总体的显著性，也可用 t-检验来检验每个回归系数的显著性。

（3）二次和高次回归：线性回归适合于线性关系的数据分析，如果是非线性关系，则需要使用二次或者高次回归方程去拟合，如一元二次回归方程。此种回归分析一般都采用逐步降次的方法，将其最终变成多元回归方法进行计算。

3）生态回归分析

在生态学的研究中，有些研究不能直接采用前面的回归方程，需要采用特定的统计学方法开展生态学回归分析。

（1）高斯回归（Gaussian regression）：拟合种类-环境关系的高斯模型。植物种和环境间的关系一般符合高斯模型，这已经得到前面很多研究的证实。

（2）二元数据的一元线性回归：多用于植物种存在与否的二元数据回归中，首先对植物种存在与否的二元数据进行转换，再用普通的一元线性回归进行拟合。

（3）二元数据的高斯回归：对二元数据的高斯回归是为了更完美地反映生态关系。一般是将其关系数据转换成普通的一元二次回归处理。

（4）二元数据的多元线性回归：在具有两个或者多个环境因子的情况下，也可以用多元线性回归对二元数据进行拟合，经过数据转换后，可以用普通的二（多）元线性回归方法来拟合。

一般而言，对于多个环境因子的数据分析，在生态学中常用多元分析方法。

2. 排序

排序的过程是将样方或植物种排列在一定的空间，使得排序轴能够反映一定的生态梯度，从而能够解释植被或植物种的分布与环境因子间的关系。常用的排序方法如下：

（1）主成分分析（principal component analysis, PCA），又叫主分量分析，是一个完全基于植被结构或组成数据而不需要考虑环境梯度、不需要选择端点和权重的排序方法。该方法计算复杂，必须借助计算机才能完成。

（2）典范主分量分析（canonical principal component analysis, CPCA），它结合了环境矩阵，能够更好地反映群落与环境间的生态关系。

（3）模糊数学排序（fuzzy set ordination, FSO）与神经网络排序，模糊数学排序要求选择适当的环境梯度，并将环境数据转化成一个模糊子集，以环境模糊子集和样方相似矩阵为基础求其排序坐标，也可以用两个或多个环境梯度，以便更好地反映植被与环境的关系。

自组织神经映射网络是 Kohonen 在基本竞争网络模型基础上提出的一种无指导学习的神经网络模型，其能够对输入模式进行自组织训练和判断，实现功能相同的神经元在空间上的聚集。

3. 方差分析

方差是平方和除以自由度的商，或称均方，是一个表示变异的量。方差分析可以帮助我们掌握客观规律的主要矛盾和技术关键，是科学研究工作中一个十分重要的工具。在实际应用中，要将一个实验资料的总变异分裂为各个变异来源的相应变异，首先必须将总自由度和总平方和分解为各个变异来源的相应部分。因此，自由度和平方和的分解是方差分析的第一步。

方差分析一般分为单因素方差分析、多因素无重复试验的方差分析和多因素重复试验的方差分析。方差分析的基本原理是认为各组实验结果的均值间差异的基本来源有两个：一个是实验条件不同而引起的本质差异，称为组间差；另一个是实验的随机误差，是非本质差异，称为组内差。在假设各样本均值无差异的前提下，如果组间差大于某临界值，就拒绝原假设，否则就接受原假设。

（1）单因素方差分析：由单一因素影响的（或几个相互独立的）因变量，统计分析因素各水平分组的均值之间差异是否具有统计意义，此外还可以对该因素的若干分组水平中哪一组与其他各组均值间具有显著性差异进行分析，即均值的多重比较。该过程要求因变量属于正态总体分布。如果因变量明显属于非正态分布，那么不能使用该分析过程，而应该使用非参分析。如果几个因变量之间彼此不独立，应该使用重复测量方差分析。

（2）单因变量多因素方差分析：其是对一个独立变量是否受多个因素或变量影响而进行的方差分析。在方差分析中，自变量不能少于两个，否则用单因素方差分析方法处理。该方法可在完全因子和自定义两者中任选其一，前者只能检验各因素和各协变量对因变量的主效应，检验各因素间的交互作用对因变量的效应，并自动分析最高阶的交互效应，但不能检验因素和协变量之间及各协变量之间的交互作用对因变量的效应；后者按需要自行定义，可指定最大交互效应的阶数。

（3）多因变量方差分析：其是含有多个因变量的多因素方差分析，是能处理专业和高级的统计分析方法。当因变量中至少有两个相关时，应采用多因变量方差分析；当各因变量彼此不相关时，可采用单因变量方差分析；当有重复实验时，应用重复实验方差分析。

方差分析在各种统计软件中均可使用，如 R、Python、SAS、SPSS 等。

7.6　冰冻圈生态系统动态模式模拟

冰冻圈地区陆地生态系统的相关模式主要分为四类：①陆面过程模式（如 CLM、CoLM、SiB 等）；②基于遥感资料的生产力模式（如 Carnegie-Ames-Stanford Biosphere 和 Vegetation Photosynthesis Model）；③基于生物地球化学过程的模式（如 Terrestrial Ecosystem Model 和 CENTURY Model 等）；④动态植被模式（如 BIOME、LPJ-DGVM、IBIS 等）。第一类模式对于冻土和积雪的物理过程考虑得较为详细和准确，但是使用了简单的参数模拟植被生长过程；第二类模式利用遥感资料结合土壤水热模拟生产力，对冻融过程考虑得过于简单，而且不能预估未来；第三类模式对于生态过程考虑得较为全面，对于冻融过程的考虑有不同复杂程度，但是没有考虑植被类型的动态演替，如灌木在苔原地区的出现；第四类模式对于冻融过程考虑得也比较简单，但是能够预估未来变化。

目前应用较为广泛的 CLM、CoLM、ISBA、JULES 等模型中对冻土水热传输过程采用多层有限差分热扩散和多层傅里叶的解决方案；对积雪的绝热作用也有较详细的算法，一般分为3～5层积雪分层。LPJ-GUESS、MIROC-ESM、JSBACH、TEM6（DOS-TEM）同样采用多层有限差分热扩散算法解决冻土热传输问题，但对积雪的热传导问题仅考虑一层。上述模型大都在陆面过程与生态过程的耦合基础上发展起来，但对生态系统模拟方面存在一些差异，大部分以陆面过程模式为主导的模型可以较准确地模拟区域尺度生态系统生产力和碳库变化等，但不能精确模拟植被群落结构动态变化。在最新的 CLM5.0 中，积雪层数增加到 12 层，且土壤厚度设置为可变参数，以便更好地模拟活动层土壤变化；其中与冰冻圈有关的参数包括：积雪反照率、冻土水力学特征、冻土面积变化、土壤冻融循环、积雪深度、雪覆盖面积、雪冰、大气降雪以及雪温等。CLM5.0 作为典型的陆面过程模式，可以用来模拟多个方面的生态学过程，包括光合作用参数（冠层顶部比叶面积、叶片碳氮比、细跟碳氮比等），土壤参数（土壤质地、土壤颜色、土壤有机质含量等），对植被、凋落物和土壤有机质中的碳、氮变量进行模拟（光合作用、植被总初级生产力、净初级生产力、生态系统净生产力、生态系统净交换、叶面积指数、自养呼吸、异养呼吸等，土壤碳、土壤碳异养呼吸、土壤有机碳、土壤呼吸等），同时可以对总生态系统碳氮循环进行模拟，包括总氮矿化速率、净氮矿化速率、土壤矿质氮、土壤有机氮、总生态系统氮、总植被氮等。

　　气候变暖背景下，多年冻土和积雪的变化将会深刻地影响土壤水、热的变化，从而影响生态系统的脆弱性及其生态服务功能，而生态系统反过来也会影响多年冻土和积雪的变化与空间分布；而生态系统在响应气候变化和冰冻圈影响的同时也会受到人类活动（放牧和围封等）以及其他扰动影响（如火灾、小型动物和土壤侵蚀等），因而发展耦合了冰冻圈过程、气候变化、生态过程以及扰动等诸要素的生态系统模式是未来模式的发展趋势之一。此类模式可以用来预估不同气候变化和人类活动情景下生态服务功能及其阈值。

7.7　遥感技术方法的应用

　　传统的基于样地的生态数据揭示或阐释区域或全球范围的生态学问题时存在较大的不确定性，也难以依托相关生态模型准确预测人类活动和全球变化对生态影响的区域或全球后果。因此，生态学家和保护生物学家正在转向迅速发展的遥感学科，从中获取必要的技术支持和数据来源，以解决大尺度区域或全球生态学问题。生态系统监测可使用的遥感数据基本涵盖了目前所能用到的包括光学遥感、微波雷达、激光雷达、航空像片等多源数据，如 WorldView、IKONOS、QuickBird、SPOT 等高分辨率数据，Landsat TM/OLI、CBERS CCD 数据等中分辨率数据，MODIS、NOAA/AVHRR 等低分辨率数据，Hyperion、AVIRIS 等高光谱数据，ATSER、MISR 等多角度数据，InSAR、GLAS 等雷达数据和无人机数据等。

1. 植被分类

土地覆盖与利用分类/植被类型的空间分布监测是遥感理论与技术应用最为广泛的领域。遥感植被覆盖分类研究中主要关注四方面问题：一是分类体系的确定；二是分类指标的选择；三是地物特征识别技术；四是混合像元分解技术。目前有许多种土地覆盖分类体系，如 FAO 的土地覆盖分类系统、国际地圈-生物圈计划的全球土地覆盖分类系统、中国植被分类系统、美国国家土地覆盖数据 NLCD 的分类系统等。分类指标的选择对于正确识别地物非常重要，归一化植被指数、光谱特征曲线、植被生物物理参数被广泛用于植被分类研究。地物特征识别技术，特别是近年来高光谱遥感技术的发展，大大地改善了对植被的识别与分类精度。20 世纪 80 年代以来，高光谱遥感的出现更是提高了遥感光谱解译地表覆盖类型的精度，在光谱空间上大大抑制了其他干扰因素的影响，能够准确地探测到具有细微光谱差异的各种地物类型，极大地提高了植被类型的识别精度。随后发展的激光雷达技术可有效地反演植被的冠层信息，从而为植被类型及空间变化监测的识别提供有用的辅助信息。近年来，多源数据的融合，尤其是主被动遥感结合，如高光谱遥感与 LiDAR 数据的融合在精细树种遥感识别中应用较多。总体而言，面向对象的陆地植被遥感分类方法，通过对影像的分割，使同质像元组成大小不同的对象，利用陆地植被的几何形态、结构信息，如纹理、形状、结构和空间组合关系等，在一定程度上提高植被遥感分类的精度。

2. 综合生态系统度量——植被指数

现阶段广泛应用的主要有两个度量指数：NDVI 和叶面积指数（leaf area index, LAI）。遥感反演 LAI 的方法可分为 4 类：植被指数法、像元成分非混合法、直接模式转换法和间接模式转换法，其中植被指数法应用较为广泛。传统的植被指数法中的植被指数是根据两个波段得到的，即红和近红外波段，这两个通道的不同组合构建了绝对比值，用这一比值可以计算 NDVI、土壤修正植被指数、全球环境监测指数等，从而对 LAI 或光合有效辐射进行反演。在 NDVI 和 LAI 间存在显著的线性关系，最大 NDVI 值和相应季节的植被覆盖的最大 LAI 相一致。目前通过统计模型反演 LAI 的应用较广，利用高光谱数据、激光雷达数据及多角度遥感数据反演逐渐成为主要的方法之一。

NPP 是度量生态系统功能的一个指标，遥感数据反演 NPP 主要基于 NDVI 与吸收的光合有效辐射（APAR）密切相关，将其作为地上 NPP 的估计量共同使用。近年来，多源遥感数据广泛应用于森林生态系统生物量反演。其中，光学影像只能观测到森林冠层信息，不能观测到植被枝、干信息，采用光学影像估测整个森林生物量会造成较大误差，而合成孔径雷达的 P 波段和 L 波段对植被冠层和树干都有一定的穿透能力，可获得冠层、树干甚至地表表层的土壤信息。

3. 生境条件变化监测与评估

陆面生境环境要素的遥感监测与变化评估是遥感生态学应用较为广泛的领域之一，包括反照率、地表温度、叶面积指数、叶绿素含量、土壤水分含量、地表蒸发量等。 生境要素的遥感反演常被用于区域生态模拟与预估，此外，基于 AVHRR 和 MODIS 等中分辨率成像光谱仪的遥感数据，也被用于绘制全球或区域范围内的森林火灾及其生态影响结果的区域图。

思　考　题

1. 陆地冰冻圈植物群落调查的主要方法有哪些?
2. 陆地冰冻圈生态系统模拟气候变化的主要手段是什么? 各自的优缺点是什么?

参 考 文 献

戴国华, 朱珊珊, 刘宗广, 等. 2016. 高寒草原草地土壤中脂肪酸的分布特征. 中国科学: 地球科学, 46(6): 756-766.

郭金停, 韩风林, 胡远满, 等. 2017. 大兴安岭北坡多年冻土区植物生态特征及其对冻土退化的响应. 生态学报, 37(19): 6552-6561.

李文华, 周兴民. 1998. 青藏高原生态系统及优化利用模式. 广州: 广东科技出版社.

秦大河. 2016. 海洋冰冻圈词典. 北京: 气象出版社.

秦大河, 姚檀栋, 丁永建, 等. 2016. 冰冻圈科学辞典(第二版). 北京: 气象出版社.

秦大河, 姚檀栋, 丁永建, 等. 2017. 冰冻圈科学概论. 北京: 科学出版社.

秦大河, 周波涛, 效存德. 2014. 冰冻圈变化及其对中国气候的影响. 气象学报, 72(5): 869-879.

王根绪, 杨燕, 孙守琴, 等. 2019a. 长江上游山地生态过程与变化. 北京: 科学出版社.

王根绪, 杨燕, 张光涛, 等. 2020. 冰冻圈生态系统: 全球变化的前哨与屏障. 中国科学院院刊, 35(4): 425-433.

王根绪, 宜树华, 等. 2019b. 冰冻圈变化的生态过程与碳循环影响. 北京: 科学出版社.

王根绪, 张寅生. 2017. 寒区生态水文学原理与实践. 北京: 科学出版社.

姚檀栋, 秦大河, 沈永平, 等. 2013. 青藏高原冰冻圈变化及其对区域水循环和生态条件的影响. 自然杂志, 35(3): 179-186.

赵鹏武. 2009. 大兴安岭兴安落叶松林凋落物动态与养分释放规律研究. 呼和浩特: 内蒙古农业大学.

周兴民, 王质彬, 杜庆, 等. 1987. 青海植被. 西宁: 青海人民出版社.

Arrigo K R. 2014. Sea ice ecosystems. Annual Review of Marine Science, 6: 439-467.

Barber D G, Hop H, Mundy C J, et al. 2015. Selected physical, biological and biogeochemical implications of a rapidly changing Arctic Marginal Ice Zone. Progress in Oceanography, 139: 122-150.

Bates N R, Mathis J T. 2009. The Arctic Ocean marine carbon cycle: evaluation of air-sea CO_2 exchanges, ocean acidification impacts and potential feedbacks. Biogeosciences, 6(11): 2433-2459.

Beck P S A, Goetz S J. 2011. Satellite observations of high northern latitude vegetation productivity changes between 1982 and 2008: ecological variability and regional differences. Environmental Research Letters, 6: 045501.

Bonfils C J W, Phillips T J, Lawrence D M, et al. 2012. On the influence of shrub height and expansion on northern high latitude climate. Environmental Research Letters, 7(1): 015503.

CAFF. 2013. Arctic Biodiversity Assessment: Status and Trends in Arctic Biodiversity. Akureyri: Conservation of Arctic Flora and Fauna.

Cai Z Y, Qin W, Gao H M, et al. 2019. Species diversity and fauna of mammals in Sanjiangyuan National Park. Acta Theriologica Sinica, 39(4): 410- 420.

Callaghan T V, Chernov Y, Chapin T, et al. 2004. Biodiversity, distributions and adaptations of arctic species in the context of environmental change. Ambio, 33(7): 380-393.

Carroll M L, Carroll J. 2003. The Arctic seas//Black K, Shimmield G. Biogeochemistry of Marine Systems. Oxford: Blackwell Publishing: 126-156.

Cauvy-Fraunié S, Dangles O. 2019. A global synthesis of biodiversity responses to glacier retreat. Nature Ecology & Evolution, 3: 1675-1685.

Coyle K O, Bluhm B, Konar B, et al. 2007. Amphipod prey of gray whales in the northern Bering Sea: comparison of biomass and distribution between the 1980s and 2002–2003. Deep Sea Research Part II: Topical Studies in Oceanography, 54(23): 2906-2918.

Dean J F, Meisel O H, Rosco M M, et al. 2020. East Siberian Arctic inland waters emit mostly contemporary carbon. Nature Communications, 11: 1-10.

Deibel D, Saunders P A, Acuna J L, et al. 2005. The role of appendicularian tunicates in the biogenic carbon cycle of three Arctic polynyas// Gorsky G, Youngbluth M J, Deibel D. Response of Marine Ecosystems to Global Change: Ecological Impact of Appendicularians. Paris: Éditions Scientifiques: 435.

Ding J, Li F, Yang G, et al. 2016. The permafrost carbon inventory on the Tibetan Plateau: a new evaluation using deep sediment cores. Global Change Biology, 22: 2688-2701.

Drake T W, Wickland K P, Spencer R G M, et al. 2015. Ancient low-molecular-weight organic acids in permafrost fuel rapid carbon dioxide production upon thaw. Proceedings of the National Academy of Sciences of the United States of America, 112: 13946-13951.

Eldridge D J, Bowker M A, Maestre F T, et al. 2011. Impacts of shrub encroachment on ecosystem structure and functioning: towards a global synthesis. Ecology Letters, 14(7): 709-722.

Elmendorf S C, Henry G H R, Hollister R D, et al. 2012. Global assessment of experimental climate warming on tundra vegetation: heterogeneity over space and time. Ecology Letters, 15: 164-175.

Erschbamer B, Kiebacher T, Mallaun M, et al. 2009. Short-term signals of climate change along an altitudinal gradient in the South Alps. Plant Ecology, 202: 79-89.

Eskelinen A, Saccone P, Spasojevic M J, et al. 2016. Herbivory mediates the long-term shift in the relative importance of microsite and propagule limitation. Journal of Ecology, 104: 1326-1334.

Feder H M, Jewett S C, Blanchard A L. 2007. Southeastern Chukchi Sea (Alaska) macrobenthos. Polar Biology, 30(3): 261-275.

Fraser L H, Jentsch A, Sternberg M. 2014. What drives plant species diversity? A global distributed test of the unimodal relationship between herbaceous species richness and plant biomass. Journal of Vegetation Science, 25: 1160-1166.

Fukuchi M, Sasaki H, Hattori H, et al. 1993. Temporal variability of particulate flux in the northern Bering Sea. Continental Shelf Research, 13(5): 693-704.

Goetz S J, Mack M C, Gurney K R, et al. 2007. Ecosystem responses to recent climate change and fire disturbance at northern high latitudes: observations and model results contrasting northern Eurasia and North America. Environmental Research Letters, 2: 045031(9pp).

Gosselin M, Levasseur M, Wheeler P A, et al. 1997. New measurements of phytoplankton and ice algal production in the Arctic Ocean. Deep Sea Research Part II: Topical Studies in Oceanography, 44(8): 1623-1644.

Gottfried M, Pauli H, Futschik A, et al. 2012. Continent-wide response of mountain vegetation to climate change. Nature Climate Change. 2: 111-115.

Grebmeier J M, Barry J P. 1991. The influence of oceanographic processes on pelagic-benthic coupling in polar regions: a benthic perspective. Journal of Marine Systems, 2(3): 495-518.

Grebmeier J M, Cooper L W, Feder H M, et al. 2006a. Ecosystem dynamics of the Pacific-influenced northern Bering and Chukchi Seas in the Amerasian Arctic. Progress in Oceanography, 71(2): 331-361.

Grebmeier J M, Overland J E, Moore S E, et al. 2006b. A major ecosystem shift in the northern Bering Sea. Science, 311(5766): 1461-1464.

Hartley I P, Garnett M H, Sommerkorn M, et al. 2012. A potential loss of carbon associated with greater plant growth in the European Arctic. Nature Climate Change, 2: 875-879.

Hausner V H, Fauchald P, Tveraa T, et al. 2011. The ghost of development past: the impact of economic security policies on Saami pastoral ecosystems. Ecology & Society, 16: 4.

Hinzman L D, Bettez N D, Bolton W R, et al. 2005. Evidence and implications of recent climate change in terrestrial regions of the Arctic. Climatic Change, 72: 251-298.

Hollister R D, Webber P J. 2000. Biotic validation of small open-top chambers in a tundra ecosystem. Global Change Biology,6: 835-842.

Honjo S, Krishfield R A, Eglinton T I, et al. 2010. Biological pump processes in the cryopelagic and hemipelagic Arctic Ocean: Canada Basin and Chukchi Rise. Progress in Oceanography, 85(3): 137-170.

Ims R A, Ehrich D. 2012. Arctic Biodiversity Assessment, Terrestrial Ecosystems. Akureyri: Conservation of Arctic Flora and Fauna.

Jacobsen D, Milner A M, Brown L E, et al. 2012. Biodiversity under threat in glacier-fed river systems. Nature Climate Change, 2: 361-364.

James M R, Pridmore R D, Cummings V J. 1995. Planktonic communities of melt ponds on the McMurdo Ice Shelf, Antarctica. Polar Biology,15: 555-567.

Jiang Y S, GaoY H, Dong Z B, et al. 2018. Simulations of wind erosion along the Qinghai-Tibet Railway in northcentral Tibet. Aeolian Research, 32: 192-201.

Jones H G, Pomeroy J W, Walker D A, et al. 2001. Snow Ecology: A Interdisciplinary Examination of Snow Cover Ecosystems. Cambridge: Cambridge University Press.

Jorgenson M T, Racine C H, Walters J C, et al. 2001. Permafrost degradation and ecological changes associated with warming climate in Central Alaska. Climatic Change, 48: 551-579.

Kelly R, Genet H, McGuire A, et al. 2016. Palaeodata-informed modelling of large carbon losses from recent burning of boreal forests. Nature Climate Change, 6: 79-82.

Kitti H, Forbes B C, Oksanen J. 2009. Long-and short-term effects of reindeer grazing on tundra wetland vegetation. Polar Biology, 32: 253-261.

Klein J A, Harte J, Zhao X Q. 2005. Dynamics and complex microclimate responses to warming and grazing manipulations. Global Change Biology,11: 1440-1451.

Krembs C, Gradinger R, Spindler M. 2000. Implications of brine channel geometry and surface area for the interaction of sympagic organisms in Arctic sea ice. Journal of Experimental Marine Biology and Ecology, 243(1): 55-80.

Kumpula T, Forbes B C, Stammler F, et al. 2012. Dynamics of a coupled system: multi-resolution remote sensing in assessing social-ecological responses during 25 years of gas field development in Arctic Russia. Remote Sensing, 4: 1046-1068.

Lenoir J, Gégout J C, Marquet P A, et al. 2008. A significant upward shift in plant species optimum elevation during the 20th century. Science, 320: 1768.

Liang E Y, Wang Y F, Piao S L, et al. 2016. Species interactions slow warming-induced upward shifts of treelines on the Tibetan Plateau. Proceedings of the National Academy of Sciences, 113(16): 4380-4385.

Lin L, He J, Zhang F, et al. 2016. Algal bloom in a melt pond on Canada Basin pack ice. Polar Record, 52: 114-117.

Lin S, Wang G, Feng J, et al. 2019. A carbon flux assessment driven by environmental factors over the Tibetan Plateau and various permafrost regions. Journal of Geophysical Research: Biogeosciences, 124: 1132-1147.

Lizotte M P. 2001. The contributions of sea ice algae to Antarctic marine primary production. American Zoologist, 41(1): 57-73.

Lydersen C, Gjertz I. 1986. Studies of the ringed seal Phoca hispida Schreber in its breeding habitat in

Kongsfjorden, Svalbard. Polar Research, 4(1): 57-63.

Maccario L, Sanguino L, Vogel T M, et al. 2015. Snow and ice ecosystems: not so extreme. Research in Microbiology, 166(10): 782-795.

MacDougall A H, Avis C A, Weaver A J. 2012. Significant contribution to climate warming from the permafrost carbon feedback. Nature Geoscience, 5: 719-721.

Massom R A, Drinkwater M R, Haas C. 1997. Winter snow cover on sea ice in the Weddell Sea. Journal of Geophysical Research: Oceans, 102(C1): 1101-1117.

McGuire A D, Anderson L G, Christensen T R. 2009. Sensitivity of the carbon cycle in the Arctic to climate change. Biogeosciences, 79(4): 523-555.

Miller L A, Chierici M, Johannessen T, et al. 1999. Seasonal dissolved inorganic carbon variations in the Greenland Sea and implications for atmospheric CO_2 exchange. Deep Sea Research Part II: Topical Studies in Oceanography, 46(6/7): 1473-1496.

Mu C C, Abbott B W, Wu X D, et al. 2017. Thaw depth determines dissolved organic carbon concentration and biodegradability on the Northern Qinghai-Tibetan Plateau. Geophysical Research Letters, 44: 9389-9399.

Myers-Smith I H, Elmendorf S C, Beck P S, et al. 2015. Climate sensitivity of shrub growth across the tundra biome. Nature Climate Change, 5: 887-891.

Myers-Smith I H, Forbes B C, Wilmking M, et al. 2011. Shrub expansion in tundra ecosystems: dynamics, impacts and research priorities. Environmental Research Letters, 6: 045509.

Natali S M, Watts J D, Rogers B M, et al. 2019. Large loss of CO_2 in winter observed across the northern permafrost region. Nature Climate Change, 9: 852-857.

Norby R, Edwards N, Riggs J, et al. 1997. Temperature-controlled open-top chambers for global change research. Global Change Biology, 3: 259-267.

O'Donnell J A, Carey M P, Koch J C, et al. 2019. Permafrost hydrology drives the assimilation of old carbon by stream food webs in the arctic. Ecosystems, 26: 1-19.

O'Donnell J A, Harden J W, Mcguire A D, et al. 2011. The effect of fire and permafrost interactions on soil carbon accumulation in an upland black spruce ecosystem of interior Alaska: implications for post-thaw carbon loss. Global Change Biology, 17(3): 1461-1474.

Oechel W C, Vourlitis G L, Hastings S J , et al. 1998. The effects of water table manipulation and elevated temperature on the net CO_2 flux of wet sedge tundra ecosystems. Global Change Biology, 4: 77-90.

Olsson K, Anderson L G. 1997. Input and biogeochemical transformation of dissolved carbon in the Siberian shelf seas. Continental Shelf Research, 17(7): 819-833.

Palmer M A, Saenz B T, Arrigo K R. 2014. Impacts of sea ice retreat, thinning, and melt-pond proliferation on the summer phytoplankton bloom in the Chukchi Sea, Arctic Ocean. Deep Sea Research Part II-Topical Studies in Oceanography, 105: 85-104.

Petit J R, Jouzel J, Raynaud D, et al. 1999. Climate and atmospheric history of the past 420000 years from the Vostok ice core, Antarctica. Nature, 399(6735): 429.

Price P B, Bay R C. 2012. Marine bacteria in deep Arctic and Antarctic ice cores: a proxy for evolution in oceans over 300 million generations. Biogeosciences, 9(10): 3799-3815.

Raymond P A, McClelland J W, Holmes R M, et al. 2007. Flux and age of dissolved organic carbon exported to the Arctic Ocean: a carbon isotopic study of the five largest arctic rivers. Global Biogeochemical Cycles, 21(4): DOI:10.1029/2007GB002934..

Raynolds M K, Walker D A, Maier H A. 2006. NDVI patterns and phytomass distribution in the circumpolar Arctic. Remote Sensing of Environment, 102: 271-281.

Rysgaard S, Nielsen T G. 2006. Carbon cycling in a high-arctic marine ecosystem-Young Sound, NE Greenland. Progress in Oceanography, 71(2/4): 426-445.

Schröder D, Feltham D L, Flocco D, et al. 2014. September Arctic sea-ice minimum predicted by spring melt-pond fraction. Nature Climate Change, 4(5): 353.

Schuur E G, Mcguire A D, Schädel C, et al. 2015. Climate change and the permafrost carbon feedback. Nature, 520: 171-179.

Serikova S, Pokrovsky O S, Ala-Aho P, et al. 2018. High riverine CO_2 emissions at the permafrost boundary of Western Siberia. Nature Geoscience, 11: 825-829.

Serikova S, Pokrovsky O S, Laudon H, et al. 2019. High carbon emissions from thermokarst lakes of Western Siberia. Nature Communications, 10: 1552.

Skjelvan I, Olsen A, Anderson L G, et al. 2005. A review of the inorganic carbon cycle of the Nordic Seas and Barents Sea// Drange H, Dokken T, Furevik T. The Nordic Seas: An Integrated Perspective. Washington, DC: American Geophysical Union: 39-49.

Song C, Wang G, Haghipour N, et al. 2020b. Warming and monsoonal climate lead to large export of millennial-aged carbon from permafrost catchments of the Qinghai-Tibet Plateau. Environmental Research Letters, 15: 83.

Song C, Wang G, Mao T, et al. 2019. Importance of active layer freeze-thaw cycles on the riverine dissolved carbon export on the Qinghai-Tibet Plateau permafrost region. Peer J, 7: e7146.

Song C, Wang G, Mao T, et al. 2020a. Spatiotemporal variability and sources of dic in permafrost catchments of the yangtze river source region: insights from stable carbon isotope and water chemistry. Water Resources Research, 56(1): 1-22.

Song X Y, Wang G X, Hu Z Y, et al. 2018. Boreal forest soil CO_2 and CH_4 fluxes following fire and their responses to experimental warming and drying. Science of The Total Environment, 644: 862-872.

Søreide J E, Leu E V A, Berge J, et al. 2010. Timing of blooms, algal food quality and Calanus glacialis reproduction and growth in a changing Arctic. Global Change Biology, 16(11): 3154-3163.

Springer A M, McRoy C P, Turco K R. 1989. The paradox of pelagic food webs in the northern Bering Sea-II. Zooplankton communities. Continental Shelf Research, 9(4): 359-386.

Sturm M, Massom R A. 2017. Snow in the sea ice system: friend or foe//Thomas D N. Sea ice. Hoboken, NJ: John Wiley: 65-109.

Sun X Y, Wang G X, Huang M, et al. 2016. Forest biomass carbon stocks and variation in Tibet carbon-dense forests from 2001 to 2050. Scientific Reports, 6: 34687.

Tank S E, Raymond P A, Striegl R G, et al. 2012. A land-to-ocean perspective on the magnitude, source and implication of DIC flux from major Arctic rivers to the Arctic Ocean. Global Biogeochemical Cycles, 26: GB4018.

Tarnocai C, Canadel J G, Schuur E A G, et al. 2009. Soil organic carbon pools in the northern circumpolar permafrost Region. Global Biogeochemical Cycles, 23: GB2023.

Vernet M, Smith Jr K L, Cefarelli A O, et al. 2012. Islands of ice: influence of free-drifting Antarctic icebergs on pelagic marine ecosystems. Oceanography, 25(3): 38-39.

Vonk J E, Tank S E, Mann P J, et al. 2015. Biodegradability of dissolved organic carbon in permafrost soils and aquatic systems: a meta-analysis. Biogeosciences, 12: 6915-6930.

Walsh J J. 1989. Arctic carbon sinks: present and future. Global Biogeochemical Cycles, 3(4): 393-411.

Wang G X, Bai W, Li N, et al. 2011. Climate changes and its impact on tundra ecosystem in Qinghai-Tibet Plateau, China. Climate Change, 106: 463-482.

Wang G X, Liu G S, Li C J, et al. 2012. The variability of soil thermal and hydrological dynamics with vegetation cover in a permafrost region. Agricultural and Forest Meteorology, 162-163: 44-57.

Wang G X, Mao T X, Chang J, et al. 2014. Impacts of surface soil organic content on the soil thermal dynamics of alpine meadows in permafrost regions: data from field observations. Geoderma, 232-234: 414-425.

Wassmann P, Duarte C M, Agusti S, et al. 2011. Footprints of climate change in the Arctic marine ecosystem. Global Change Biology, 17(2): 1235-1249.

Wild B, Andersson A, Bröder L, et al. 2019. Rivers across the Siberian Arctic unearth the patterns of carbon release from thawing permafrost. Proceedings of the National Academy of Sciences of the United States of America, 116: 10280-10285.

Xu L, Myneni R B, Chapin F S, et al. 2013. Temperature and vegetation seasonality diminishment over northern lands. Nature Climate Change, 3: 581-586.

Yan F, Sillanpää M, Kang S, et al. 2018. Lakes on the Tibetan Plateau as conduits of greenhouse gases to the atmosphere. Journal of Geophysical Research-Biogeosciences, 123: 2091-2103.

Yang Y, Hopping K A, Wang G, et al. 2018. Permafrost and drought regulate vulnerability of Tibetan Plateau grasslands to warming. Ecosphere, 9(5): e02233.

Yang Y H, Fang J Y, Tang Y H, et al. 2008. Storage, patterns and controls of soil organic carbon in the Tibetan grasslands. Global Change Biology, 14: 1592-1599.

Yi S, McGuire A D, Harden J, et al. 2009. Interactions between soil thermal and hydrological dynamics in the response of Alaska ecosystems to fire disturbance. Journal of Geophysical Research, 114: G02015.

Zeller D, Booth S, Pakhomov E, et al. 2011. Arctic fisheries catches in Russia, USA, and Canada: baselines for neglected ecosystems. Polar Biology, 34(7): 955-973.